炎の牛肉教室！

山本謙治

講談社現代新書

2456

はじめに

牛肉は混乱期にある

もしあなたが、この国で最上級にランク付けされる、Ａ５の黒毛和牛の美味しさを追求したくて本書を手に取ったとしたなら、読後にすこしばかり落胆しているかもしれない。逆に、「美味しい」「希少な」と喧伝されているわりに、美味しいとは素直に言えない肉にばかり出会っていると感じることが多いなら、「そういうことだったのか！」と得心がいくかもしれない――。

いま、日本に空前の牛肉ブームが訪れている。ここ数年、飲食店業界では「肉バル」などに代表されるような、骨付きステーキを前面に押し出す店が激増し、全国各地では「肉フェス」なるイベントが大勢の人を集めている。テレビのグルメ番組でも、肉汁したたるステーキや焼き肉を頬張るシーンがよく流され、雑誌の牛肉特集もいやというほど目につくようになった。

だがしかし、そんな牛肉ブームにもかかわらず、私たち日本人は牛肉のことをあまりに識らなすぎる。僕がそう口にすると、「えっ!?　そんなことないよ、識ってるよ！」と言う人も多いかもしれない。

でも例えば、皆さんがふだん食べている牛肉は、なんという牛の品種かご存じだろうか？「松阪牛」や「飛騨牛」といった、いわゆるブランド名ではなくて、「和牛」や「国産牛」、はたまた「アメリカ産」や「オーストラリア産」と書かれたパッケージに入っている牛肉の品種のことだ。

牛にも当然いろいろな品種があるのだが、それをしっかりわかって食べている人は多くないはずだ。「神戸牛」や「米沢牛」などブランド和牛の名前はよく耳にしていても、では「そのブランド牛の特徴は？」と聞かれた途端に、困る人も多いのではないだろうか。

牛肉の「美味しさ」についてはどうだろう？　焼き肉店に行けば、「A5の和牛」「最上級の黒毛和牛」というようなキャッチフレーズで、高級な肉が提供される。多くの人が、A5という評価を獲得した牛肉は文句なしに美味しいものと思っているはずだ。

しかし実際には、A5という規格は美味しさを保証するものではない。牛肉を専門とする流通業者の口から、「自分が食べるとしたら、A5の牛肉は選ばない」という言葉をこれまで何度聞いてきただろうか。

このような「混乱」が日本で生じているのは、美味しさとは別のところで、その善し悪しや価格が決められてしまう状況にあるからだ。要するに、いまこの国の牛肉は、混乱期に置かれているのである。

腐敗に近づいた肉を「熟成」と称する

近年流行している「赤身肉」というキーワードにも、混乱が見られる。いったいどんな肉が赤身肉であるかがとてもあいまいで、僕からすれば、「これは霜降り肉じゃないか」というものまで「赤身」を謳っているケースが多い。

また「赤身が美味しい」という触れ込みで、単に安価な輸入肉をバンバン売ろうとする店が多いようにも感じる。赤身が美味しくなるためには品種や餌、そして月齢など様々な条件があるのに、そうしたことは全く見向きもされず、単に霜降りではない肉ばかりが良いとされるのも、おかしいことだ。

話題の「熟成肉」も、振れ幅が大きいキーワードである。2010年あたりから「熟成肉」の看板を出す店は増えたが、残念なことに、単に腐敗に近づいた肉を「熟成」と称して出している店が相当数あるように感じる。そもそも、単に業務用の冷蔵庫に、裸の肉を置いておくだけで、質のよい熟成などできるはずがない。

一方で、本来は肉を真空パックせず空気に触れさせながら熟成させたものが「熟成肉」だったはずなのに、真空パックでの冷蔵期間を少しばかり延ばして「熟成肉」を謳う店も多い。そんな「なんちゃって熟成」をしていて恥ずかしいとは思わないのだろうか……と嘆いてみても、現状では特に一定の基準があるわけではないため、本物とニセモノの違いを見分けられるように、消費者が賢くなるしかないのである。

そして、この牛肉ブームの裏側で、国内の多くの肉牛生産農家が離農している事実をご存じの方は少ないだろう。こんなに牛肉ブームなのだから、肉牛を育てる仕事はさぞ儲かっているのだろう、と思われるのに、なぜそんなことが起こっているのか？

大いなる存在の断片

こんなふうに、私たちは牛肉のことを識っているようで、実のところ、あまり識らない。それは当然のことかもしれない。というのも、私たちが日々出会う牛肉は、完成された「牛肉商品」であって、それ以前の姿をとどめていないからだ。

家庭の主婦が精肉売場で選ぶのは、綺麗にスライスされて白いトレイに整然と並べられた商品だ。また、行きつけのレストランにて、鉄板の上でジュウジュウと音を立てながら焼けているステーキを前にしたとき、目の前の牛肉の生前の姿に思いを馳せる人もほとんどいないだろう。「牛肉商品」に「牛」を感じさせる要素はあまり存在しないし、むしろ提供する側は、生きていた頃の牛を想像させると、お客さんの食欲がなくなるだろうと慮（おもんぱか）り、牛と牛肉を繋げるような情報を掲示したがらない傾向にあるようだ。

　そこであえて、牛肉を「牛の肉」と言い換えてみよう。すると、様々なことが見えてくる。牛という生き物は、出荷時には８００kg前後に肥え太った、圧倒的な存在感をもつ大型動物だ。その大いなる存在の断片を、私たちはご馳走として食べている。

　だから、牛肉のことを理解しようと思ったら、その牛がどう育ってどう死に、どんな工程を経てパッケージされ、そして私たちの前に並ぶのかをとくと知っておくべきだ。そうでないと、本当に牛肉を理解したことにならないと僕は考えるのである。

「牛って広い牧場で、ゆったり育っているんでしょ」

「牛が食べるものって、青々とした牧草だ」

「和牛とは、はるか昔から日本にいた牛である」

「やっぱり鮮度の高い肉ほど美味しいよね」

　正直に言うと、これらすべての間違ったイメージは、畜産の素人であった僕自身が、かつて抱いていたものだ。そして、実際の牛に触れるたびに「ええっ！　思っていたものと全然違う生き物だぞ!?」と驚いてきた。だから、一般の人が牛肉についてどのように感じているか、つまり〝識らないポイント〟についても僕はよく理解しているつもりだ。

牛肉を面白く味わうために

「かつて素人だった」と書いているとおり、現在の僕は素人とは言えない立場にいる。農畜産物流通コンサルタントと、農と食のジャーナリストという二つの肩書きを持っているのだが、その本業とは別に、僕は牛を所有している。

岩手県と北海道に、母牛を1頭ずつ所有している。日々の世話は現地の農家の方々に委託しているが、餌代や世話をする手間賃は僕が全額出している。毎年、子牛が1頭ずつ生まれるので、信頼できる農家に預けて肉にし、自分で販売をしているのだ。

今も続くこの体験の中で、僕の牛肉に対する考え方は日々塗り替わっている。そして痛感しているのが、「牛のことを識らなければ、牛肉のことはわからない」という当たり前のことだ。この当たり前のことがなぜか、日本では常識とはなっていないのだ。

だから一歩踏み出して牛のことをよく識ると、牛肉をもっと面白く、そして美味しく味わえるようになる。また、大変な苦労をしながら牛を飼っている農家や、流通に関わっている人達が直面している問題を識れば、牛肉を簡単に「高い！」とは言えなくなると思う。

「牛肉」ではなく「牛の肉」と呼ぶことによって、それが始まるのだ。

ちなみに、僕のように農家ではない人間が牛を所有（擬似的にだが）し、肉になるまでの顛末を本にするという試みに関して、欧米には何人か先輩がいる。アメリカのジャーナリストが著した、『私の牛がハンバーガーになるまで』（ピーター・ローベンハイム著）は、牛の誕生から消費までを見届けるため、ホルスタインを購入し農家に預けて育てる過程を綴った本だ。ただしこの作者は、最終的に自分の牛を肉にしないという選択肢を選んだ。

また日本でも話題になった『雑食動物のジレンマ』（マイケル・ポーラン著）は、同じくアメリカのジャーナリストが、自分が食べるものはどこから来ているのかという疑問を持ち、食品業界を取材し、自分で農業や狩猟までも体験するという壮大なレポートだ。マイケルも自分で牛を購入し、彼の場合はきちんと食べるところまでを果たすが、出荷後を業者に託したこともあって、僕のようには肉を自由に販売できなかった。

日本では、文筆家・イラストレーターとして名を馳せる内澤旬子さんが、豚を自分の家の軒先で飼い、肉にして食べるまでを書いた『飼い喰い』という本が文句なしの名著だ。

ただ、牛に関する類似の本はまだ出ていない。

ということで、本書の内容は、他に類を見ないと言える。

具体的には以下のような構成となっている。

第1章「牛肉の真実」

生き物としての牛がわからなければ、牛肉を理解することができない。お肉になってくれる牛にはどんな種類がいて、どんなふうに生きているのかを識ることから始めよう。

また、日本の牛肉を代表する和牛・黒毛和種をめぐるさまざまな誤解を解いていく。最上級といわれる牛肉の格付け「Ａ５」が美味しさを表すものではなく、いまのＡ５は昔の「特選」とは全く別物であること。ブランド和牛をめぐる真実を述べた。

第２章「美味しい牛肉の方程式」

牛肉の美味しさとはなにか。これはとても難しい問題だ。僕なりに、読者の方に美味しい肉を選んでいただく方法について考えていく。牛肉の美味しさを決める基本的な方程式を理解していただければ、日本の和牛や国産牛、そしてアメリカやオーストラリアの輸入肉の味わいがなぜ違うのか、どう違うのかがわかるだろう。

そのうえで、少しでも美味しい牛肉を買うための、僕なりの工夫も述べている。これを識っておけば、売場の中で自分の好みに合う肉を選ぶことができるかもしれない。

第３章「牛肉のおねだん——体験ルポ・僕は牛を飼ってみた」

先に書いたように、僕は牛を所有している。それによって、牛がどんなプロセスを経て肉になるのかを、一から識るところとなった。牛はどのように生まれ、どのように大きくなり、出荷の時を迎えるのか。そして屠畜されて肉になってから、どのように流通し販売されるのか。僕は牛のオーナーという当事者として、これらをひと通り体験してきた。牛肉が皆さんの手に渡るプロセスを識れば、牛肉の味わいも変わるだろう。

第4章、第5章「美味しい牛肉をめぐって」

ひと口に「牛肉」と言うが、国や地域によって全く味が変わる食べ物だということが、まだまだ識られていない。これまで僕は、日本各地のさまざまな肉牛に出会ってきた。そこにはそれぞれ特色のある牛肉文化が根付いていたのである。

と同時に、日本人が多くを依存している海外からの輸入牛肉も、すべて同じではない。ヨーロッパと日本では牛肉に求める要素があまりにも違うし、日本で人気の高いアメリカの牛肉が、必ずしも各国で受け入れられているわけでもない。また、日本にやってくる輸入牛肉が、その国の牛肉の美味しさを十分に表してはいないケースも多いのだ。

第6章「ほんとうに美味しい牛肉を食べるために」

そう遠くない将来、日本国内で育てられた和牛肉が、庶民には手が届かなくなってしまうかもしれない。現在、すでに高級品となっている和牛肉だが、生産者は減っている。その経営環境はとても良好とはいえず、今後もこの傾向は続くかもしれない。

そうした中、流通業界でも従来は「美味しくない」とされていたような和牛肉が重宝されるという、おかしな状況になっている。その責任の一端は消費者にもある。

どうしたら美味しい牛肉を手に入れることができるだろうか？　日本人が胸を張って「私の国の牛肉は美味しい」と言えるために必要だと思うことを最後に提言する。

巻末付録「美味しい牛肉を食べられる販売店・飲食店リスト」

最後まで読んでくれた読者の皆さんへのプレゼントとして、本書の視点で美味しいと思う牛肉を販売していたり、食べられるお店の情報を提供したい。


どの章も独立して読むことができるように書いたので、最初から通して読んでいただいても、関心のある章から読んでいただいても違和感はないはずだ。

牛肉ひとつにも、とてつもなく広くて深い世界がある。ただ、その世界を理解するための方法論は疑いなく存在する。本書が、牛の肉の美味しさを論じるための「道しるべ」になれば幸いである。

目次

／肉汁が溢れるダイナミズム／山のあか牛、里のあか牛／牧草以外の原料も熊本県産がほとんど／リッチでコクのある味わい／土佐あかうしとの予期せぬ出会い／独特の模様「毛分け」／美味しさで評価され、最も高値で売れていた／土佐あかうしを世に広めるために／赤身肉に適度なうま味がある／夢のような景色の中で育つ／土佐あかうしが黒毛和牛の人気を超えた日／土佐あかうし〝らしさ〟を求めて

第5章　美味しい牛肉をめぐって ～アメリカ・オーストラリア・フランス篇――

輸入牛肉を識らずして日本の牛肉は語れない／**【アメリカの牛肉事情 ～なぜドライエイジングを施すのか】**アメリカンビーフと日本の牛肉に同じ風味がある理由／USビーフは味わいが薄い／肥育ホルモンの不安とともに／**【オーストラリアの牛肉事情 ～資源をフル活用して牛肉を育てる】**オージービーフの真実／肉牛肥育は羊と補完関係にある／放牧こそコストがかからない／パスチャーフェッドビーフは、焼き魚のような存在／グラスフェッドの美味しさに驚く／オーストラリア人が親しむ味／**【フランスの牛肉事情 ～霜降り肉などとんでもない】**土佐あかうしとそっくりのパルトネーズ種／すべての部位を買ってもらえる国／フランス人は霜降り肉を食べない／赤身肉の象徴・シャロレー種／フランス人は処女牛よりも経産牛を好む／11ヵ月の超長期熟成肉

第1章　牛肉の真実

多くの人は意外なほど、牛肉のことを識らない。または誤解している。そう言うと驚く人もいるだろう。しかし、これから僕が書いていくことを読めば、「なるほど!」と思えるはずだ。

まずは、ふだん食べている身近な牛肉について、「当たり前」と思っていることが、実はそうではなかったのだと驚いていただこう。

「肉用種」と「乳用種」

犬にシェパードやブルドッグといった品種が存在するように、牛にも様々な品種がある。犬を飼いたいと思った時、「家の中で飼いたいから小型犬がいいな」とか、「番犬にしたいから強そうなのがいい」などと、いろんな視点から犬を見ることだろう。それと同じように、牛も品種によって「向き・不向き」がある。

一番大きな分け方をすると、畜産における牛の利用方法は「肉にする」と「乳を搾る」という二つだ。そこで、それぞれを得意とする「**肉用種**」と「**乳用種**」がいる。

牛乳のパッケージにはよく白黒まだらの牛がイラストで描かれているが、あれはホルスタインという乳用種だ。草と穀物を食べて、適度な乳脂肪分を含む乳をたっぷりと出してくれる。ジャージー牛という名を聞いたことがあるだろう。あの品種はホルスタインよりも乳脂肪が濃い、アイスクリームなどに適した乳を出すことで有名だ。そんなふうに、乳を搾ることに適した性質を持つのが乳用種である。

一方、肉用種に必要な資質は、乳用種とは大きく異なる。簡単に言ってしまうと、早く大きくなってくれて、肉がたくさんとれて、肉質が良いという3つの資質を兼ね備えていることが望ましい。日本が誇る黒毛和種はまさにこれ。牛を食べる文化を持つどこの国でも、このような資質を持つ牛が喜ばれ、そういう種を選抜して残してきている。

「でも同じ牛なんだし、乳用種と言われているホルスタインも肉になるでしょう？」という疑問が浮かぶかもしれない。もちろん乳用種だって肉にできるし、逆に肉用種も子供を産めば乳を出す。けれども、肉用種は肉をとるため、乳用種は乳を搾るためという目的に最大限に適うように選抜を繰り返されてきているから、目的と違うことをしろと言われても、得意ではない。水泳の選手に棒高跳びをやれといっても困るだろうし、きっといい記録は出ないだろう。それと同じことだ。

「和牛＝黒毛和牛」ではない

それでは、日本の肉用種の話をしよう。スーパーの精肉コーナーで「和牛」と記されたパッケージを見たとき、「これって黒毛和牛のことでしょう？」と思う人は多いだろう。

現に、食肉業界関係者や焼き肉店店員がグルメ誌のインタビューなどで、「和牛っていうのは黒毛和牛のことなんです」と話しているのをよく見かける。

でも、これは正しくない。じつは「和牛」と呼べる牛は4種あるのだ。

まず「**黒毛和種**」はその筆頭で、日本を代表する肉用品種といってよい。

つぎに、熊本県や高知県で「あかうし」と呼ばれ愛されている「**褐毛和種**（あかげわしゅ）」。やや黄色味を帯びた茶色の体で、阿蘇の草原などに放牧されているシーンを見たことがある人もいるだろう。

そして、最近の赤身肉ブームでその名を聞くことが多くなった、岩手県にルーツを持つ「**日本短角種**」。濃い褐色をしており、これまた放牧されていることで有名な品種だ。そして最後に、山口県でごく少頭数だけ育てられている「**無角和種**」。これら4品種[*1]をまとめて和牛と呼ぶ。

4種とも、同じ和牛と呼ぶのだから肉質も似ているのだろうと思いきや、全く違う！

黒毛和種といえばなんといっても、サシ[*2]。甘みと香りを感じるきめ細かいサシが入るというのが特徴だ。褐毛和種は、黒毛ほどではないにしてもサシが入り、赤身肉の旨さもほどよいバランス派だ。それに対して、日本短角種は圧倒的に筋肉質で、赤身中心の肉。うま味たっぷりだから、しっかり噛みしめて食べるのが美味しい。無角和種はその血統上、アバディーン・アンガス種[*3]の血が濃いため、大ぶりに切ったステーキに向く肉質だ。
このように、それぞれ全く違う性質を持っている4種の総称が、「和牛」なのである。

いわゆる「国産牛」は乳用種がメイン

じつはその4種の和牛品種以外にも、さまざまな牛が食用肉になっている。精肉売場で「国産牛」と表記された肉を見たことがあるだろう。そのほとんどが、日本で乳用種と呼ばれるホルスタインゆかりの肉だ。当然ながら、乳牛であってもメスでなければ乳を出さない。生まれてくる子供の半分はオスになるが、乳は出さないので人の手で去勢され、最初から肉牛として育てられるのである。

その味はどうかということだが、乳用種として品種改良されてきた牛なので、骨が太く、肉の量は少なくて、肉質も和牛品種までには至らないとされる。実際、サーロインの部位を黒毛和牛のそれと比較すると、一目瞭然。肉の面積が違い、ホルスタインは黒毛の一回り、二回りも小さいのが普通である。その肉は赤身中心で、サシはそれほど入ってい

＊1　これら和牛同士を交配させたものも和牛と認定されるが、実際はあまり出てこない。
＊2　筋肉中にまばらに存在している脂肪分。
＊3　イギリス・スコットランドのアンガス州を起源とする。全身を被う黒毛が特徴的。

ないことが多い。

もちろん、だからといって味わいが薄いということはなく、健全に育ったホルスタインは実に瑞々(みずみず)しく美味しいものだ。その独特の香りを「ミルキーな」「乳臭い」という人もいるが、去勢牛の場合はそういうこともないだろうと思う。ただ、肉専用種として磨き抜かれた黒毛と比べると差があることは事実だから、価格差はとても大きい。

そこで、少しでも高く売れる肉にするため、最初からホルスタインに黒毛和種の種をつけて、半分黒毛の血が入るようにした交雑種（Ｆ１と呼ぶこともある）をつくることも多い。ホルスタインと黒毛の交雑種は、小さい頃は茶色だが、大きくなると完全に真っ黒になることが多く、体格がいいのでかなりの威圧感がある。

肉は、黒毛並みとまではいかないが、純粋なホルスタインよりは高く売れたので、生産が伸びた時期もあった。しかし現在は、Ｆ１はあまり市場からは評価されていないようだ。

またホルスタイン以外の乳用種も数種いる。ジャージー、ブラウンスイス、エアシャー、ガーンジーなどだ。そうした牛にオスが生まれてしまった場合、やはり肥育して肉にすることがある。こうした場合も「国産牛」として販売される。

僕はジャージーやブラウンスイスの肉を食べたことが何回もあるが、とても美味しい肉だと思っている。これらの品種はいま冷遇されているのだが、もったいないことだ。

ちなみに、それと同じくらい希少だが、和牛以外の肉専用種、例えば世界的に有名なアンガス牛やシャロレー牛といった海外の品種を育てている生産者もいる。そうした肉はたいてい、生協組織などで契約取引をされているケースが多いので、あまりスーパーには並ばない。もしスーパーなどで販売される場合は、やはり「国産牛」表記で販売されるはずだ。

黒毛和牛は最もありふれた肉牛である

ご存じの通り、日本では「黒毛和牛は高級」というイメージが確立されている。たしかに、先ほどまで解説したどの肉用牛よりも黒毛和牛が最も高く販売されるので、高級というのは正しい。ただ、たまに見かけて首をかしげてしまうのは、「希少な黒毛和牛」というような紹介の仕方だ。

黒毛和牛は希少ではない。というより、日本で最もありふれた肉用種なのである。

次頁のグラフを見ていただきたい。これは日本で肉にするために飼育されている牛の割合を品種別に表したものだ。いま最も多く生産されているのは乳用種のホルスタインである。それとほぼ同じ割合で、肉用種の中では圧倒的多数となっているのが、黒毛和牛なのだ。

これを見てどう思うだろうか。黒毛和牛って価値の高い、とても希少な肉なんだと思っていたら全くの間違いで、一番ありふれた肉用種だった、ということになる。まあ、一番

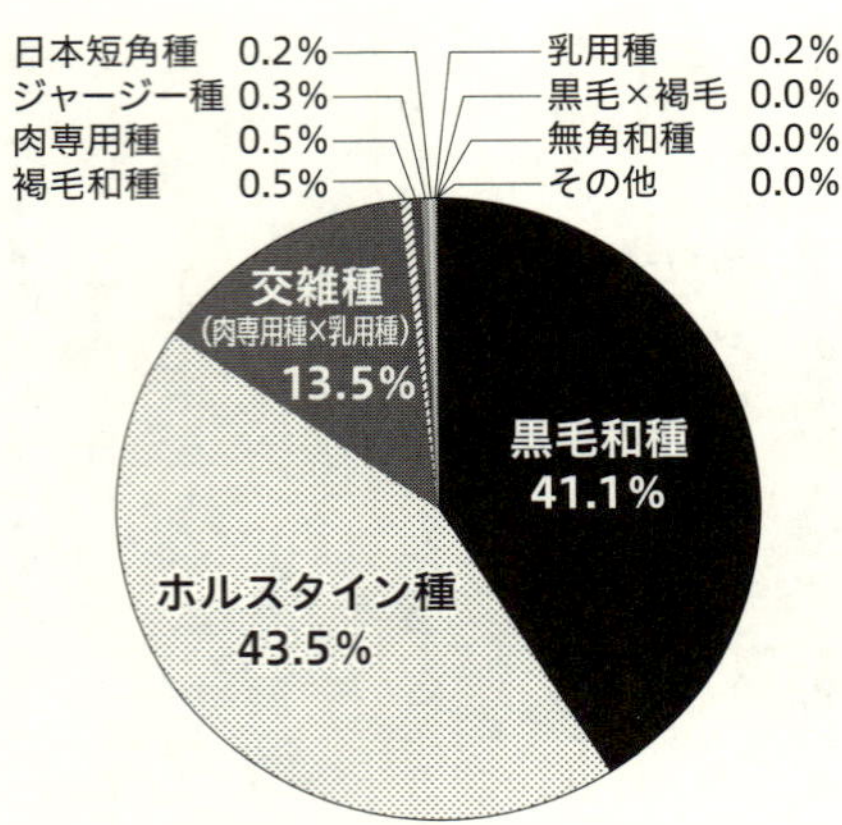

日本の肉用牛の品種別飼養頭数割合（2016年6月末時点。独立行政法人家畜改良センターのデータより作成）

ありふれたとは言い過ぎかもしれないが、おそらく黒毛和牛は希少な高級品、という世間一般のイメージとはちょっと違うのではないだろうか。

そして、このグラフを見て驚くポイントがもうひとつある。

それは、黒毛以外の和牛品種の頭数だ。グラフにはいろんな品種の名前が並んでいるけれども、そのほとんどのパーセンテージが０％台である。先に誇らしく「和牛は黒毛だけじゃない」と紹介した褐毛や短角、無角たちが、なんとここに押し込められているではないか。これら黒毛以外の和牛品種を全部合わせても、全体のたった２％に満たないのである！

僕からすれば、本当の意味で希少で価値の高いのはこっちのほうなんじゃないの？　と思ってしまう。

では、なぜそんな状況になってしまったのか。

「それはもちろん、黒毛和牛が一番美味しい和牛だからでしょう⁉」

そう答える人も多いだろう。黒毛和牛はたしかに世界に類をみない美味しさの要素を持つ、優れた和牛だ。しかし日本最大の頭数規模を誇る肉専用種になったのには、もう少し違う意味がある。

黒毛和牛を高級品にせざるを得なかった歴史的事情

先のグラフからもわかるように、肉用種だけで見ると、黒毛和種が単独で97％以上を占めている。もともと黒毛のシェアは高かった。

１９６０（昭和35）年の頭数割合（繁殖メス牛）を見てみると、黒毛が76％、褐毛22％、無角０・３％、短角０・９％となっている。この頃は褐毛和種もそれなりに多かったのだ。

ところが、これがだんだんと変わってくる。

農林水産省生産局畜産振興課の資料によると、１９８５年には黒毛54・４％、褐毛４・７％、短角１・６％、無角０・１％、交雑種０・２％、ホルスタイン38・０％。２０００年には黒毛が54・２％、褐毛１・８％、短角０・４％、無角０％、交雑種25・６％、ホルスタイン17・２％。２００３年には黒毛が58・７％、褐毛１・６％、短角０・４％、無角

0・0%、交雑種21・6%、ホルスタイン17・5%。

　年を追うごとに黒毛とホルスタイン、交雑種の三強に収斂されていっている状況だ。

　ホルスタインと交雑種が多くなっている理由は簡単だ。明治期以降、牛肉より先に牛乳の消費が伸びたのだが、酪農ではオスが産まれても乳を出してくれない。だから、ホルスタインの子がオスだった場合、肉用に回される。ただし肉質の評価は高くない。そこでホルスタインに黒毛和種の精子を人工授精させると、肉質がやや黒毛寄りになる。これが交雑種だ。ホルスタインのオスと交雑種は、言ってみれば、肉専用の品種ではないが、必ず肉にすべく生まれてくる牛なのである。

　では、もともと優れた肉を生みだしてくれるはずの和牛4種のうち、なぜ黒毛ばかりが生産されることになってしまったのだろうか？　もちろん、黒毛和牛の肉質が良かったこと、美味しさが評価されていたこともあるだろう。

　しかし、他の和牛品種も優れた面をそれぞれ持っている。例えば褐毛和種（高知系）は、昭和30年代には全国の子牛市場の中でもトップクラスの高値で取引されていたという（第4章参照）。かたや短角和種は、子牛の頃は山に放牧しておいても大きく育ってくれるという利点があり、農家にも好まれて頭数を増やした時期があった。牛肉に対する尺度が多様だった時代は、それぞれが棲み分けをしていたと考えられるのだ。

だが昭和40年代以降、消費者レベルでも霜降り肉が好まれるようになったのだろう、牛肉の評価がだんだんと脂肪交雑（霜降りの度合い）を重視するものに変化していく。じつは、黒毛和牛は和牛4品種の中で、最も霜降り度合いが高くなる特性を持っていた。

通常、脂肪は皮下つまり肉の外側につくものである。人間の場合も太ると皮下脂肪が厚くなるのは、体験的にご存じだろう。しかし、黒毛和牛はなぜか筋肉中に細かなサシが入る特徴があった。その結果、特別に霜降り度合いの高い牛の血統は人気が出て、日本中に広まっていった。

牛肉の輸入自由化によって

そして決定的な出来事が１９９０年代に起こる。牛肉の輸入自由化だ。

ＧＡＴＴ（関税と貿易に関する一般協定）ウルグアイラウンドの合意により、それまで輸入に高い障壁を設けていた牛肉市場を、基本的に自由化することとなったのである。欧米の畜産国に比べると、日本の畜産事情はまだまだ中小規模であり、価格面では太刀打ちできない。ヘタをすれば日本の肉牛産業は壊滅してしまいかねない。

そこで、日本の畜産を守ろうとする人達はこう考えたのだろうと推察する。

〈欧米で生産される肉のほとんどが赤身中心の肉である。ならば日本の牛の基準を霜降り度合いを重視するものにしてしまおう。そうすれば、黒毛和牛に勝てる霜降りをもつ輸入肉などないのだから、多くの日本の肉牛農家を守ることができる。赤身中心の輸入牛肉と直接競合するのはホルスタインと交雑種だが、そこはなんとか生き延びてもらおう――〉

かくして、日本の牛肉の評価は、肉質（霜降り度合い）と歩留まり（一頭からどれだけの肉がとれるか）の二つに収斂していったのである。そうなれば、農家は「この評価基準に合う肉牛を育てよう！」と考えるようになる。それが一番、儲かるからだ。

これが、いま日本で圧倒的に多く黒毛和牛が生産されている理由である。

ともあれ、「和牛」には4種の特徴ある肉牛品種があり、「国産牛」には乳用種やそれ以外の品種がある。しかし、「和牛」では歩留まりがよく霜降りの強い黒毛和牛が一人勝ちをし、乳用種ではホルスタインと、それに黒毛を掛け合わせた交雑種（F1）が多く生産されているのだ。

A5という格付けは、美味しさの評価ではない！

さて、ここで少し話を変えてみよう。

「A5ランクの牛肉」といえば、テレビや雑誌のグルメ特集で牛肉に関するものがあれば、必ずといってよいほど出てくる言葉だ。もともとは赤い肉の断面が、細かな霜降りが入ったために白っぽいピンク色になっている映像や写真がよく登場する。

焼き肉やすき焼きで調理したそんな肉を口に運び、「軟らかい、とろける〜！」「脂が甘くて、香りがいい!!」というように、じつに美味しそうに食べる人が大半なので、「A5の牛肉＝美味しいもの」と信じている人も多いだろう。

しかし、A5という言葉は、美味しさを表す格付けではない、と言うとどう思われるだろうか？

「そんなはずはないだろう、最上級の牛肉だと聞いているぞ！」

そのとおり。A5が日本の牛肉の格付けにおいて最上級であることは正しい。

「最上級なのであれば、それは美味しいということだろう!?」

いや、残念ながらそこが違うのだ。「格付けで最上級＝美味しい」ということにはなっていない。それを理解すると、いろんなことが見えてくる。

「A5」というのは、歩留まりがAで、肉質が5という牛肉の格付けを示している。

この格付けは日本食肉格付協会が定めており、基本的に全国の牛肉市場がこの格付けを採用して、屠畜した牛をグレード別に分けている。

先ほど軽く触れたが、「歩留まり」とは、一頭の牛から骨・皮・内臓をとり去った後にどれだけの肉が残るのかという割合を示す。つまり「肉がたくさんとれたかどうか」ということだ。たくさんとれた順からA・B・Cで表す。一般的に肉専用種はAになることが多く、乳用種はBからCとなる。乳用種はたくさんお乳を出してくれることが重要なので、肉はあまりとれなくてよいが、肉専用種の黒毛和牛は歩留まりが高くなければならない。

次に「肉質」とは、肉の総合的な質の判断で、5段階で表し、5が最上の評価となる。肉質で最も重要視されるのが脂肪交雑だ。日本食肉格付協会が定めている脂肪交雑の基準をBMS (Beef Marbling Standard) といい、ナンバー1からナンバー12までの12段階に評価される。これに加えて肉のきめがよいか、締まりがあるかといった部分や、肉や脂の色などを総合的に判断し、5段階評価をしたものが肉質等級である。

つまりA5とは、「肉がたくさんとれて、かつ霜降り度合いが最高レベルに高い」牛を指すのだと言ってよいだろう。

「ペンキで黒く塗ってやろうか」

だから、そこには「最高に美味しい」という要素は含まれていない。実際、日本食肉格

牛枝肉取引規格

（1）歩留等級

等級＼項目	歩　　留
A	部分肉歩留が標準より良いもの
B	部分肉歩留の標準のもの
C	部分肉歩留が標準より劣るもの

（2）肉質等級

等級＼項目	脂肪交雑	肉の色沢	肉の締まり及びきめ	脂肪の色沢と質
5	胸最長筋並びに背半棘筋及び頭半棘筋における脂肪交雑がかなり多いもの	肉色及び光沢がかなり良いもの	締まりはかなり良く、きめがかなり細かいもの	脂肪の色、光沢及び質がかなり良いもの
4	胸最長筋並びに背半棘筋及び頭半棘筋における脂肪交雑がやや多いもの	肉色及び光沢がやや良いもの	締まりはやや良く、きめがやや細かいもの	脂肪の色、光沢及び質がやや良いもの
3	胸最長筋並びに背半棘筋及び頭半棘筋における脂肪交雑が標準のもの	肉色及び光沢が標準のもの	締まり及びきめが標準のもの	脂肪の色、光沢及び質が標準のもの
2	胸最長筋並びに背半棘筋及び頭半棘筋における脂肪交雑がやや少ないもの	肉色及び光沢が標準に準ずるもの	締まり及びきめが標準に準ずるもの	脂肪の色、光沢及び質が標準に準ずるもの
1	胸最長筋並びに背半棘筋及び頭半棘筋における脂肪交雑がほとんどないもの	肉色及び光沢が劣るもの	締まりが劣り又はきめが粗いもの	脂肪の色、光沢及び質が劣るもの

「歩留まり」と「肉質」

（公益社団法人 日本食肉格付協会「牛枝肉取引規格の概要」より作成）

付協会が発表している「牛枝肉取引規格」を読んでみても、特にA5が最高に美味しい牛肉だということは書いていないのである。そこでは淡々と、牛を評価する基準が記述されているだけだ。食肉市場では実質的に、この格付け基準に沿って牛肉の価格を決めるようになっている。

この基準による格付けが施行されたのは、牛肉自由化の前夜である1988（昭和63）年のことだ。これによって、日本ではA5の肉が最上級であり、高価格という状況になった。輸入されるアメリカ産牛肉やオーストラリア産牛肉は、日本の基準からするとB2〜B3あたりの格付けになるため、価格は高くならない。他方、黒毛和牛のように霜降り度合いが高く、肉の量もとれる牛は人気を呼び、高値になっていったのである。

そして、歩留まりが悪く霜降り度合いの低い品種は、結果的に価格が下がることとなった。生産者としては、利益が十分に上がらないと経営が成り立たない。もともと褐毛和種や日本短角種を育ててきた農家が、黒毛和種に転換する事例が多くなった。

先に、昭和30年代は高知県の褐毛和種が高値だったということを書いたが、そんな状況が一変し、褐毛和種の価格がどんどん下がってしまった。それでも高知県には褐毛和種に愛着をもつ生産者が多く、筆者も現地で「このあかうし（褐毛和種のこと）をペンキで黒く塗ってやろうかと思った」と往事を嘆く声をきいたことがある。

日本短角種も同様で、一時は2万頭以上の頭数にのぼっていたのが、もう約8000頭にまで減っている。

「食べるならA3くらいがいいよね」

さて、ここまで読んできて、こう思った読者もいるだろう。

「食肉格付けで有利な黒毛和牛が生き残って、不利な品種が淘汰されるのは宿命だ。仕方のないことではないか？」

たしかにそういう考え方もあるかもしれない。ただ、それを認めるためには、「食肉格付けで上位になる牛肉がほんとうに美味しいのであれば」という但し書きをつけたい。

先の日本食肉格付協会の基準の中に、「美味しさ」という言葉は一切出てこないのだ。

「いやいや、基準に味のことが言及されていなくても、そもそも霜降り度合いが高いことが美味しさに反映するから基準になっているんじゃないか⁉」

そう思われる方も多いだろう。もちろん僕も、格付け基準が全く味を反映していないというつもりはない。ただし「すべてのA5の肉が美味しいわけじゃない」ということは、多くの食肉関係者が異口同音に言っている真実でもあるのだ。

食肉関係者が集まる懇親会などでA5の肉が供されると、そこにいる誰もが「おおっ、いいサシだね！」「小ザシがみごとだね！」と評価するのだが……それを喜んで口にする人をあまり見かけない。それどころか、「食べるならA3くらいがいいよね」という人のほうが体感的に多い。

また、とある会で僕が講演をし、A5の黒毛和牛偏重を批判する話をした後の質疑応答の場面で、「あなたはそう言うが、A5にも美味しいものがあるんだ！」と、老舗の牛肉料理店の役員さんが憤って反論してきたことがある。しかしこの話、「A5にも美味しい肉はある」と言った時点で、美味しくないA5があるということを自分で認めているようなものではないか。

もちろん僕はA5の肉をおとしめているわけでも、格付けをやめろと言っているわけでもない。ただ、格付けが上位になることで価格が高くなり、生産者が黒毛和牛ばかりを選択する状況になってしまったという現実が悔しいのである。

ステーキ肉の半分が油脂

牛肉に関する仕事をするようになり、業界の重鎮のような方々と意見交換していると、よく出てくるのが「昔の牛肉は美味しかったな……」という、ため息交じりの言葉だった。

僕は青果業界でも仕事をしているので、同じように「昔のトマトは青臭くてうまかった」というような言葉をよく耳にしてきた。ただし野菜の場合、大概はノスタルジーであって、客観的にみれば、現在のほうが味わい深くなっているものが多い気がする。

しかし、牛肉に関しては本当に「昔のほうが美味しかった」のかもしれない。なぜなら現在出回っているA5の牛肉は、ほんの20年前にはとうてい存在しえなかった、全くの別物だからである。

先に牛肉の等級を決める格付けについて解説した。そこで評価されるのは大きく分けて二つ、「肉の歩留まり」と「肉質」である。肉質で評価対象となるのは、脂肪交雑（サシの多さ）、肉の色沢、締まり・きめ、脂肪の色沢と質で、これらを5段階で評価することになっている。ただ、この中で最も重視されるのはやはり脂肪交雑である。脂肪交雑は1から12までの12段階（これをBMSナンバーという）で評価される。

肉質評価で最高となる5に値するのは、BMSナンバーが8〜12のものだ。BMSナンバー12に至ると、ロース肉の断面にはビッシリと白いサシが入り、本来の肉の色である赤色ではなく、どちらかといえば白に近くなっていく。

では、肉質評価5の肉にはどれくらいのサシが入っていると思われるだろうか？

サーロインやリブロースといった高級部位が含まれる部分を、科学的には「胸最長筋」と呼び、その中に含まれる脂肪の量を「粗脂肪量」という。

現行の食肉格付けが導入される１９８８年には、ナンバー８の胸最長筋総重量中の23％が粗脂肪であった。それが、２００５年には41％に達し、現在は50％をはるかに超える個体も多く出てきている。

ここで考えてみてほしい。50％というのは、一枚のステーキ肉の半分が油脂ということである。50％を超える牛の肉の場合、もはや「赤身肉の中にサシがある」のではなく「サシの中に赤身肉がある」という状態と言うべきではないか。

「サシ偏重」の世の中

自由化に備えて格付け制度を改正する際には、ここまで「サシ偏重」の世の中になるとは思われていなかった。ところが、日本の農家と研究者は極めて勤勉で研究熱心なので、どのように牛を飼えば格付け最上位であるＡ５に到達できるのか、をあらゆる面から研究した。

そして、80年代後半から30年あまりという極めて短期間のうちに、粗脂肪量を倍増するところまで到達してしまったのだ。また、サシだけではなく、もうひとつの重要な評価項目である肉の歩留まり、つまり一頭の牛からとれる肉の量も、倍増とまではいかないものの、着実に増加している。

要するに、30年前、格付けの改正前に「特選」と呼ばれていた格付け最上位の牛肉と、現在の「A5」の牛肉はもはや別物なのである。もし30年前の食肉関係者をタイムマシンで現在に連れてきてBMS12の牛肉を見せたとしたら、心の底から驚くに違いない。

もちろん、サシ量が増えたことが牛肉の美味しさにつながっているならば、特に問題はないと思う。しかし残念ながらそうではないようなのだ。

肉牛生産の関係者が読む冊子に『日本飼養標準』というものがある。主要な家畜に、どのような内容の餌をどれだけ与えればよい家畜ができるかということを解説する資料で、第一級の研究者が監修・執筆した書物だ。肉用牛について現在販売されているのは2008年版である。この中に、脂肪交雑についてこう書かれている箇所がある。

「牛肉の焼き肉による食味評価において、『脂肪交雑の多少が食味性にそれほど寄与していない』という記述とともに、遊離アミノ酸や脂肪酸の重要性が1987年の報告で指摘されていた」

つまり、ある程度以上のBMSナンバーになると、もはやそのサシの多さが美味しさにつながるわけではないということだ。

サシが入るほどうま味の少ない肉になる

これは当然のこととともいえる。同書ではこう指摘している。

「牛肉中の脂肪含量が増加すれば食感は、やわらかくジューシーである。その反面、牛肉中の粗脂肪含量が50％前後まで増加すると、蛋白質含量が減少し、その結果として呈味物質である遊離アミノ酸含量が低下する可能性がある」

どういうことか。食に関する科学の世界でよく言われるのは、香りは油脂、味わいは肉から生まれるというものだ。肉を食べるとうま味を感じるが、これは肉の赤身部分を構成するタンパク質が酵素分解することで生じる遊離アミノ酸に由来するものである。

この、うま味の元となる赤身肉の分量は、当たり前のことだがサシの量と反比例の関係にある。サシが入れば入るほど赤身が減るので、遊離アミノ酸によるうま味の少ない肉になるということなのだ。

おそらく30年前の格付け最上級の肉は、赤身肉とサシのバランスがちょうどよく、最上級の肉こそが本当に美味しかったのだろう。

しかし、今、私たちが手にするA５の肉は、牛という動物の長い歴史のここ30年あまりに現れた、いわば未曾有の霜降り度合いになってしまっている。それが「美味しい」につながるとは言えないのが現実だと思う。

いかがだろう。マスメディアで「A５の肉が最上級」と連呼され、それが美味しさとイコールの関係になっていると思っていた人には、驚きなのではないだろうか。

ビタミンコントロールをどう考えるか

ところで、牛肉の格付け最上級であるA５に到達することを目標に、全国の畜産農家や研究者が得た知見で、現在ひろく実施されている技術がある。それは「ビタミンコントロール」と呼ばれるものだ。これこそ、日本の牛肉の現状をよく象徴する技術だと思うので、ここから簡単に説明していく。

サシが多量に入るというのは、本来は不自然なことだ。通常は脂肪というものは皮膚の下や筋肉の間、そして内臓の周りにつくのが普通だからだ。では、肉に含まれる粗脂肪量が50％を超えるような牛肉がどのようにして生まれたのか。

ここには大きく二つの要因がある。まずひとつは品種改良で、サシが多量に入りやすい血統の牛を選抜していくことで昔よりもサシの量が増えるようにしたこと。もうひとつが、人為的にサシを入れる技術である「ビタミンコントロール」だ。

肉牛を生産する農家を「肥育農家」と呼ぶが、これは文字どおり「肥(ふと)らせて育てる」行為を行う。体を大きく育て、かつサシが多量に入った肉になることが望ましい。そこで、どのような餌をどの程度与えればよいのかという研究が、全国で行われてきた。

その過程で発見され、普及したのがビタミンコントロールである。肥育期間の中頃の段階で、餌に含まれるビタミンAを制限、つまり与えないようにする。そうすることで結果的に、BMSナンバーは高くなり、ロース芯と呼ばれる部位の面積も拡大する。

つまり、ビタミン欠乏によって、格付けの上位を狙えるということである。だから実際には「ビタミンコントロール」というよりも「ビタミン欠乏」と言ったほうがよい。

ここでお察しのとおり、ビタミンAは必須栄養素である。それを制限しすぎると、当然ながら牛に悪影響を及ぼすこともある。そこで、健康状態は保ちつつもサシや肉の歩留まりを向上できるようなギリギリの欠乏状態を保つというのが、「ビタミンコントロール」なのである。

ただし「コントロールしている」とはいえ、ビタミン欠乏が一定以上になると、牛の目が見えなくなるほか、さまざまな病気が発生しやすくなる。そもそも、粗脂肪量が50％以上にもなるのだから、ビタミン欠乏以外の要因によっても、肉牛の体調は悪くなる。

ちなみに、肉牛の生理についていろいろ教えていただいている獣医師の先生によれば、「上手に飼う農家さんの肉牛は、A5に育つものも意外と健康ですよ。健康でなければ餌を多量に食べることはできませんしね」とのことだ。だから僕も、ビタミンコントロールという技術自体を「よろしくないものだ」と断じるつもりはない。けれどもやはり、一時的にビタミンAを欠乏させることでサシを入れるという事実を聞いて、率直に快いと感じる人はあまりいないだろう。

この技術について不安に思うことがある。それは近年、欧米で叫ばれているアニマル・ウェルフェア（動物福祉）の観点から見ると、批判されてしまいそうな技術だからである。

また、僕の周りの複数の牛肉の流通業者から、「最近の牛肉には味がない。ビタミンコントロールすることで、サシは入るかもしれないが、その一方で牛肉の味が落ちているのではないか？」と疑問視する声をよく聞く。

今のところ、ビタミンコントロールを行うとサシが入り、ロース芯が大きくなるということは科学的にわかっているものの、ビタミンコントロールによって味わいがどうなるかを分析した研究はないようだ（あったら教えていただきたい）。「美味しさ」は格付け最上級の条件ではないので、研究が進んでいないのだろう。だが、これだけ短期間で発展した人為的にサシを入れる技術なのだ。どこかに歪みがあってもおかしくないと思う。

牛の能力を発揮させること⁉

畜産の現場ではビタミンコントロールに対して、マイナスの側面から考える人はあまりいない。そういえば、こんなことがあった。数年前、僕が関わっている高知県の畜産試験場で、褐毛和種（高知系）の肉牛に、牧草を中心とした粗飼料ばかり与えて、赤身が多い肉にしてみようという実験を行った。2頭の牛に僕が名前をつけ、大阪を代表する熟成肉レストラン「又三郎」で食べるところまで完遂したプロジェクトだった。

この中で、牛たちの餌を設計し、日々の管理をしてもらう技師の方とちょっとしたやりとりがあった。僕が「ビタミンコントロールはやめてくれ」と言うと、こう難色を示したのだ。

「うーん、やまけん(僕の通称)さんの言うこともわかるんですが、牛がサシを入れる能力を発揮させないのは、かわいそうだと思うんです。最低限のビタミンコントロールだけはさせていただきたい」

最終的に僕が折れて、肥育中期にビタミンコントロールを施すことになった。ああ、これが現場の感覚なのか……と思った。彼らにとって「サシを入れる」ことは、その牛の能力を発揮させてやることであって、良いことなのだと。生産者と消費者の間には大きな断絶があるな、と実感した瞬間だった。

その牛を屠畜して枝肉になったのを見ると、やはり穀物飼料をあまり与えずに草を主とした粗飼料中心に食べさせたからだろう、それほどサシは入っていなかった。面白いのはその技師の方が、最近になって顔を合わせると、こう言うのだ。

「最近、ビタミンコントロールのしすぎはよくないと思うようになりました。研究段階ではすでに過度のビタミン欠乏はよくないと言っているのですが、生産農家には〝ビタミンを切れば切るほどサシが入る〟と考える人も多く、牛の健康を損ねることも多いんです」

格付けによって価格が左右される以上、ビタミンコントロールという技術は生産者や彼らをとりまく関係者からすれば、牛を高く売るために必要な技術であり、正義である。だからビタミンコントロール技術の是非については、関係する各々が考えて答えを出せばいいことだ。

しかし、こうした事実を一般消費者はよくわかっていない。知ったときにどんな印象を持つだろうか。もしかしたらギョッとするかもしれない。その反応は、おそらく今後、和牛が目指す海外マーケットでも起こりうるものだと思うのだ。関係者は今から、消費者への説明の方法や、対応策を考えたほうがよいのではないだろうか。

ブランド和牛の味の違いがわかる人はそういない

ワインや日本酒の利き酒や、コーヒーのカッピングテストなど、テイスティングをして産地を類推するという技術が広く識られている。肉の業界でも、「松阪牛や神戸ビーフ、米沢牛などのブランド牛肉を並べてテイスティングして、それらを当てられるか？」ということがよく話題になる。おそらく、多くの人がこう思うだろう。

「ブランド牛肉の産地は、どこも他産地と違う牛で、違う育て方をしていることがウリなのだから、きっと違いがあるはずだ。だから、ブラインドテイスティングをして、どこの銘柄かわかる人もいるだろう」

これはじつに難しい問題である。僕の経験から言うと、黒毛和牛のブランドを数種類並べて食べ比べをしたとしても、どの肉がどのブランドなのかを当てるのは難しいと思う。「なーんだ」と思われるかもしれないが、それが真実だ。実際、僕が出会った牛肉業界の多くの人が「無理だよね」という。

もちろん、毎日のように食肉市場で巨大な枝肉を競り落とし、精肉にして販売する業者の中には「××の銘柄なら、だいたいわかるよ」「△△さんとこの牛かどうかはほぼ当てられる」という目利きも存在する。ただ、そうした人達に、5種類のブランド産地のA5肉を混ぜてブラインドテストをし、ヒントなしで当てられるかというと、これは大変に難しいと思う。

なぜか。大きく二つの理由がある。一つ目の理由として、日本の黒毛和牛はどの産地でも似たような血統の牛を使い、トウモロコシまたは麦類中心の餌を与えて育てていることが挙げられる。特にA5を狙おうとすると、組み合わせられる血統は限られてくるし、サシを多量に入れるためにカロリーの高い餌を与えていくことになる。ますます差別化の余地がなくなってくるのだ。

二つ目の理由は——これはやや一つ目の理由と矛盾して見えるかもしれないのだが——、ブランド牛といっても、その産地で生産方式が完全に統一されているわけではないことだ。先に述べたように、ブランド和牛は元を辿れば同じような牛の血統で、しかも同じような配合飼料を食べて育つ。それならばすべて同じ味になったとしても不思議はない。

しかし現実的には微妙に味わいが変わるので、美味しいかマズいかの違いが出てくる。それは生産者によって、少しずつ育て方の違いがあるからだ。ある農家は配合飼料と一緒に稲ワラをたくさん食べさせるとか、ある農家は大釜で茹でた大豆を食べさせるなど、それぞれの秘伝のようなものがあるのだ。

そうしたことが反映されてか、一つのブランド内でもばらつきが生じ「あそこの牛は美味しいけど、あの人のはちょっと……」ということがよくあるわけだ。この意味でも、「僕はブランド和牛である××牛なら口にすれば百パーセントわかる！」と言える人はなかなかいないはずだ。

同じ産地でも個体によって味が違う

僕の会社が主催となって、「赤肉サミット」というイベントをこれまで5回開催してきた。様々な品種の牛の赤身肉を集め、ひたすら食べ比べをするという催しだ。料理人や食肉関係者に向けたイベントだったが、毎回大盛況だった。その際に使用した牛は、産地に特別にお願いし、性別や飼養期間、屠畜時期をできるだけ揃えるようにした（非常に大変な作業だった）。

しかし、産地の人からはほぼ必ず「可能な限り揃えましたけど、最終的には個体によって性質が違いますから、この肉が産地を代表する肉として良いか悪いかは、わからないんですよね」と言われたものだ。たしかに、ある一軒の生産者が育てる牛ならば、同じ餌で同じ飼い方なのだから、安定した味の牛肉を得られると思うだろう。それでも、牛の個体によって味が違うということになるのだ。

もちろん、味の違いが明確に出てくることもある。以前、ある県の銘柄牛肉の食べ比べ会をプロデュースしたことがある。そのとき、その県内の3産地の黒毛A5と比較対照のために、九州地方の産地のA5を取り寄せた。

結果、九州の某県産のA5は一口でイヤになる脂質で、主役の3産地の牛肉はA5であっても脂質が軽く、好評を得たのだ。県の違いで味の傾向が明らかに変わったということだ。ただこの場合も、生産者によっては脂質の重い個体が出荷されていたかもしれないし、九州の某県から素晴らしく軽やかな脂質の肉が到着していた可能性もある。ブラインドテストはなかなかに難しいのだ。

このように、純粋に牛肉の味わいから産地を特定するのは、日々牛肉と向き合っているプロであったとしても、一切のヒントなしではなかなか難しいのである。

ほとんどの肉牛は、生涯を牛舎の中で暮らす

牛肉を宣伝する際に使われる写真といえば、たっぷりサシの入ったロース肉の断面など肉そのものの写真が多いが、たまに牛が育っている高原などのビジュアルが使われることもある。緑豊かな牧場で牛がゆったりと草を食(は)んでいるような写真を見た方も多いだろう。しかし、この風景がほとんどフィクションであることをご存じだろうか?

僕はああいったイメージ広告を見るたびに「ウソつけ!」と言いたくなってしまう。日本で、肉牛を放牧で育てるケースは、ごく一部を除いて、ない。日本では、幼い子牛の頃から牛舎などに入れて育てることが普通なのだ。これは肉用の牛だけではなく、酪農でも同じような状況だ。つまり、緑の牧場で牛がゆったりしている光景は、日本ではとても限定されたシチュエーションでなければ存在しない。

「いや、そんなことはない。地方に旅行した際に、広い牧場に放し飼いにされた牛を見たことがあるぞ」

という方もいるだろう。そう、もちろん全くないわけではない。ただ、そのように放牧されているのは、まず間違いなく肉牛ではない。

では何かというと、子牛を産むためのメス牛（繁殖牛と呼ぶ）と、その年に生まれた子牛だ。繁殖牛は健康で頑健に育って子牛を産むことが大事なので、牛本来の生活環境といってよい屋外で、放牧することも多い。また、牛舎をしつらえてあって、日中は放牧して、陽が落ちる頃に牛舎に入れて育てるというスタイルもあったりする。

ただし、肉にするための牛、つまり肉牛については放牧することは滅多にない。というのは、放牧＝運動だから、せっかく食べさせた餌のカロリーが放牧によって、肉として貯まらずに消費され、体を大きくするのに時間がかかってしまうからだ。日本の肉牛生産は子牛を産む「繁殖」と「肥育」という二つの段階がある。繁殖の場合は先に書いたように、母牛と子牛を放牧することもあるが、肥育の段階に入ってからは牛舎の中で育てるのが普通だ。

肥育段階は日本ではおよそ2年程度で、その期間をだいたい初期・中期・後期というようにステージ分けする（もっと細かくステージを分ける生産者もいる）。その期間中に与える餌の内容や量を変えていくのだが、飼い方も変わっていく。

最初は20頭くらいの群れを一つの大きな枡（ます）（牛房）に入れているが、それぞれの成長速度を見ながら、同じような大きさの牛を数頭ずつ小さな枡に入れていく。出荷前は一頭が800kg前後になるから、一つの牛房に2頭か多くても3頭というように、組み替えていく。もちろん、適度な運動をできる程度の余裕はある空間配置をしている生産者も多いが、それにしたって全力疾走できる放牧地とは全く違う。

貴重な放牧牛

日本の肉牛のほとんどが放牧せずに育てられている要因には、単純に言えば「そんなことに使えるスペースがない」ということもある。平坦な土地が少ない日本においては、平地は居住空間か産業空間として利用される。山地を切り拓いて牧場にする手間と運用の大変さを考えれば、牛舎で育てるほうが楽だ。

また、日本人の牛肉の好みの問題もある。放牧するとどうしても赤身中心で、サシがそれほど入らない肉になってしまう。オージービーフの赤身の肉は、放牧で育てているからそうなる。日本人はある程度サシの入った肉を美味しいと思うように歴史的に順応しているので、牛舎の中で育てたほうが都合がよいわけだ。

もちろん、例外はある。黒毛和牛の肥育でも、飼養期間中のすべてではないにしても、放牧を経験させる生産者は、ごくわずかだが存在する。また、僕も所有している岩手県の短角牛は、子牛の時代は母牛と一緒に放牧で育つし、岩手県内には雪が降っても一年中放牧で短角牛を育てる生産者もいて、高い評価を受けている。

また、スコットランド由来のアンガス牛を、完全な放牧で育てる牧場が北海道にあり、これまた料理人の間で話題を呼んでいる。ただ、それらは全体から見ればごくごくマイナーな存在で、肉牛全体の１％もいかないのではないかと思われる。

後の章でも述べるが、世界的には牛の生産は放牧を基調としようとするアニマル・ウェルフェアの流れが出てきている。正直言って日本は乗り遅れているし、乗ろうと思っても用地確保の問題もあり、難しいかもしれない。

もちろん、牛舎で育てていても牛の健康に配慮し快適さを追求する生産者もいるので、牛舎での飼育自体に問題があるというつもりはない。ただ、一部には「肉牛は緑の牧場で健やかに育っています」というような誤ったメッセージを出す輩（やから）が存在する。

それは、真実ではないということを、ここではっきり書いておく。

第2章　美味しい牛肉の方程式

「美味しい牛肉」の難しさ

東京は築地の裏路地に店を構える鉄板焼「Kurosawa」という店で、目の前で焼いてくれる黒毛和牛をじっくり味わう機会があった。

出てきたのは、この3週間前に競り落とされたという岩手県雫石産のA5の個体だった。きれいに小ザシ（細かなサシ）が入った各部位を目で楽しんだ後、シンシン（モモの一部）、イチボ（尻の一部）、リブ芯の順に焼いてもらう。通常は赤身の多い部位であるモモ肉にまでサシが入っていることを「モモ抜けがいい」というのだが、細かなサシが入ったシンシンは、赤身肉の味わいも残しつつホロッと溶けるような肉質。

イチボは、真空パックをせずに肉塊を吊るして熟成させていたこともあってか、うっすらと熟成香をまとって味わいが拡張されていた。最も派手にサシが入るリブ芯も、くどさを感じさせることなく、僕は夢中になって、相当量の肉を食べきってしまった。

心の底から「美味しいなぁ」と唸っていると、また別の店での体験が脳裏をよぎった。同じく鉄板焼きの有名店での晩餐に呼ばれたときのことだ。おそらく赤身牛肉をPRする仕事に従事していた僕に向けた牽制なのだろう、最高級クラスのA5、松阪牛の42ヵ月齢という、未経産牛ではかなりの長期肥育。そしてその血統も素晴らしいものが出された。

だがしかし——。鉄板で焼かれ自分の皿に盛られた肉を口に運んでも、香りや味わいというものに乏しく、口の中で溶けるようになくなっていくだけ。美味しさは全く感じられなかった。

直後、その店と懇意にしているという出席者が「どうですか。あなたは赤身肉が美味しいと言うけれど、この肉を食べても同じことを言いますか？」と僕に問いかけてきた。きっと、「驚くほど美味しいA5で、前言撤回します」という返答を期待していたのだろう。けれども僕は、「味も香りもなくて、美味しいと思えません」と返した。すると、「ええっ？」という表情になり、もごもごと何かをいいながら去っていった。この時、僕の舌がおかしいのかなとも一瞬思ったのだが、近くにいた料理店の社長も、「うん、香りも味もあまりありませんね」と言っておられたので、僕だけが感じたおかしな評価というわけではなかっただろう。

黒毛和牛のA5ランクで、極めつけに美味しいと思える肉はたしかにある。ただ、すべてのA5が美味しいわけではない。それは、そもそも食肉格付けというものが美味しさを基準としているわけではない（第1章参照）ことに起因していると思われる。

では、「どうすれば本当に美味しい牛肉に出会えるのか？」という疑問が、皆さんに湧き出てきたことだろう。しかし、「美味しい牛肉」についてわかっていることは、じつはとても少ない。

なぜなら、牛肉のマーケットが美味しさよりも経済性の追求をしてきたからだ。通常の生産農家にとっては金銭評価の対象になることのない、あいまいな美味しさを求めるよりも、最上級と評されるA5に近づけることで利益を出したいと願うのは当然のことなのだ。そしてそれは、彼らにとっては正義なのだ。

A5の牛肉こそが最高の牛肉と喧伝してきたのは流通業界とマスメディアであり、それを真に受けた消費者が殺到することで、〃A5神話〃が成立した。しかし、実際には過度にサシの入った肉は、食味がよいとは到底言えないことも多い。

しかし一方で、先に僕が体験したような、美味しいA5の牛肉が存在することもまた正しい。実際、極めつけに美味しいA5に僕は多々、出会ってきた。そのたびに、一緒に食卓を囲む関係者たちと、「なぜこういう味なんだろうか?」と議論してきた。この牛が美味しいのは、血統のおかげかもしれない。いや、餌が特別なんだ。いやいや、育て方が違うからだというように、様々な推察を重ねてきたのである。

ここでは、多くの生産者や流通関係者とのそんなディスカッションの中で得ることができた、「おおむねこういうことによって牛肉の味は決まる」という要素を述べていきたいと思う。

味を決める「方程式」はこれだ

牛肉が好きでよく食べている人ほど、美味しいと思える時とそうでもない時との落差を感じることがあるだろう。そう、牛肉の味は一定ではないのだ。

例えば松阪牛という最高峰の牛肉ブランドがあるが、松阪牛の生産者は一人ではなく、それぞれが特別な飼い方をしているため、生産者によって生産される牛の肉の味は変わる。だから、松阪牛であったとしても、口に入る肉が毎回同じ味であることはない。

では、一人の生産者が育てている牛の肉なら、どれも同じになるかといえば、それもまたありえない。同じ生産者の牛であったとしても、メスだったり去勢牛だったり、はたまた月齢が違ったりということで味わいが全く違うこともある。よしんば、それらの条件がかなり似ていたとしても、究極的にいえば牛には個体差というものがあり、全く同じ味にはならない（この話は第1章のおさらいだ）。

ただそうはいっても、牛の肉の味をだいたい把握するための「方程式」と言ってよいものを考えることはできる。牛肉は、その牛がどんな素性・環境で育ったかで味わいの方向性が決まる。それを式であらわすと次のようになるだろう。

（牛の品種×餌×育て方）×熟成＝牛の肉の味

これが、牛の肉の味を決定する方程式だ。

カッコで閉じられた中に含まれているのが、牛が生まれて育ち、屠畜されるまでの要素。でもそれだけじゃ、食肉としては不完全。皆さんの手に渡るまでに熟成という段階を経るわけで、じつはこの熟成によってこそ、大きく味は変わるのだ。

ではここから、それぞれの要素について、詳しく解説してゆこう。

品種によって、肉質の方向性が決まる

「和牛」それぞれの持ち味

第1章にも書いたが、牛にもいろんな品種がいて、その品種ごとに肉の性質が異なる。というよりも、特性が違うからこそ、品種として分かれるのだとも言える。

「そうはいっても、黒毛和種かそれ以外かだけ考えればいいだろう？」と思う人もいるだろう。だが、それは早計というものだ。

日本で飼われている肉専用種の種類はそれほど多くない。前述のとおり、「黒毛和種」

「褐毛（あかげ）和種」「日本短角種」「無角和種」の4品種があり、和牛と言う。またこの和牛同士を掛け合わせたものも和牛と呼ぶ。日本短角種に黒毛和種を掛け合わせた、通称「タンクロ」などもあるが、日本ではなぜか純血種が好まれることもあって、ごく少数生産されているにすぎない。ともあれ、これら和牛品種は純粋な肉用種として育種されてきた。

一方で、牛乳を搾るために飼う乳用種のうち、オスは、最初から肉用に育てられる。乳用種は肉にした時の評価は高くないので、最初から乳用種に黒毛和種の精液をつけて、少しでも肉質を上げようとすることもある（交雑種と言う）。これら和牛以外の肉は「国産牛」と表示されているのですぐにわかるはずだ。

さて、和牛4種について、ここではもっと詳しく見ていこう。

まずは日本を代表する和牛品種である黒毛和種。このルーツとなったとされるのが、兵庫県の但馬（たじま）牛だ。もともとそれほど体格のよい牛ではなかったのだが、肉に細かなサシが入ることと味が良いことで、海外種などと掛け合わせることなく、地域内の但馬牛同士を掛け合わせて選抜・育種が進んだ。

これに、他産地で選抜されてきた体格が大きくなる黒毛和種を掛け合わせることで、大きな体軀でサシもばっちり入った黒毛和牛が生産されるようになっている。

それ以外の3種は、黒毛に比べるとかなり知名度は低いのだが、個性派ぞろいだ。例えば、熊本県や高知県で「あかうし」と呼ばれ愛されている「褐毛和種」。「褐毛」を「かつもう」と読む人が畜産業界にもいるが、正式には〝褐毛〟と書いて〝あかげ〟と読む。牛肉通になりたい人は覚えておいたほうがいい。

褐毛は朝鮮にルーツがあるといわれる品種をベースに、外国の肉用種を掛け合わせたりして成立したものといわれ、放牧して草を食べさせるのに向いている。熊本の阿蘇地方で、広大な草原で放牧されている茶色の牛の写真を見る機会も多いと思うが、あれこそが褐毛和種だ。

ちなみに熊本系と高知系は、分類上は同じ褐毛和種とされているものの、正確には系統の違う牛で、肉質や味わいがはっきりと違う。熊本系はシンメンタール種という、体が大きくなる品種の血が濃い。生産効率がとてもよく、草を食べて大きくなってくれる。牧草中心に育てると、ヨーロッパの牛肉のような赤身が主の味わいになるが、穀物飼料を中心に与えると、黒毛のような印象になりがちで、個性がなくなる傾向にある。

一方、高知系は海外の大型種との掛け合わせをあまり積極的にせず、もともとの朝鮮系の牛の血が濃い状態で続いてきた。その肉質はきめが細かく、サシも黒毛ほどではないが入りやすい。なにより、黒毛に比べると、小ザシが入りやすいと言われている。肉を食べると、脂の美味しさだけではなく、赤身部分の風味もきちんと立つため、サシと赤身の両方の美味しさを味わえる肉という評価をされている。

「日本短角種」は、最近の赤身肉ブームに呼応するかのように「赤身が美味しい牛」として名が広く知られるようになった和牛品種だ。

岩手県の北部、その昔は南部地方と呼ばれていた地域で、農耕や塩を内陸に運ぶために使役していた牛を「南部牛」という。この南部牛に、ショートホーンという外来の肉用種を掛け合わせてできたのが、この短角だ。その肉質は圧倒的に赤身度が高く、うま味が濃い。サシも入るが強い粗ザシであり、黒毛とは全く違う性質の肉となる。僕は、この牛のオーナーでもある。

もう一種、山口県で飼われている「無角和種」がいる。日本の黒毛和種に、ヨーロッパで生まれた肉用牛であるアバディーン・アンガス種を掛け合わせた品種で、その名の通り、ツノがない珍しい品種だ。ただし和牛品種の中で最も頭数が少なく、2017年の段階でおよそ180頭しか残っていない、希少品種だ。

現在、とても意欲的な業者が無角和種の生産を引き受けるようになり、美味しく育てるためのトライを繰り広げている。ぜひ応援してほしい。

乳用種にも持ち味がある

さて、これら和牛品種以外に、日本の肉用牛の半分以上を占めるのが乳用種の肉だ。乳用種についても第1章で紹介した通りで、乳用に利用できないオスが生まれたのを肉にしたり、また黒毛和牛を掛け合わせて肉質を少しよくしたりする。

その肉もそれぞれ固有の味わいをもっている。同じ乳用種であっても、ホルスタイン種とジャージー種、ブラウンスイス種では肉質が違う。ジャージー種やブラウンスイス種は「乳肉両用種」と呼ばれ、肉用に育てても美味しいという位置づけの品種なのだ（そのぶん、乳量などはホルスタインに及ばない）。

ジャージー種をきちんと肥育した肉はこっくりした味わいで、深く熟成させてステーキにするとじつに美味しい。ブラウンスイス種は赤身が強く、ヨーロッパで食べられる赤身中心のステーキにピッタリだ（ただ、これらは日本では肥育される頭数が少ないため、希少といってもよいだろう）。

ホルスタイン種と、そこに黒毛を掛け合わせたF１は日本の肉用牛の半分以上を占めているメジャーな存在で、スーパーマーケットで「国産牛」と表示される比較的安価な牛肉の多くは、このどちらかだということはすでに述べた。肉質的には肉専用種である和牛等にはひけをとるとされるが、現在、むしろ乳用種が大人気となり、品薄になっている。

というのも、黒毛和牛が高くなりすぎたこともあり、手頃な価格で仕入れられるはずの国産牛が求められているのだ。また、今は赤身肉ブームと言われているが、サシの多い黒毛和牛よりもホルスタイン種のほうが最初から赤身部分が多いため、ホルスタイン種やF1の肉を、これまでより高い価格でも積極的に仕入れる事例もあるようだ。

「肉質系」と「増体系」

ここまで日本で肉用に育てられる牛の品種について見てきた。さまざまな牛肉をじっくり観てきた僕の眼から言わせてもらうと、どの品種が美味しくてどの品種がダメということではなく、どの品種もそれぞれの持ち味がある、というほかはない。

ただ、その「特性」を把握しておく必要がある。例えば、品種の遺伝的な特性によって「繊維の太さ」と「霜降り度合い」はかなり規定されるといわれる。多くの黒毛和種が高い霜降り度合いを誇ったり、土佐あかうしの筋繊維が細やかで小ザシが入るといった傾向は、品種特性によるものと考えてよいだろう。

これに、血統という要素が加わる。同一の品種の集団であっても、血統で性質が大きく変わるのだ。同じ黒毛和牛でも、田尻(たじり)系と呼ばれる血統の牛は細かな霜降りが入り、肉質が良くなるために「**肉質系**」と言われる反面、体軀が小型になる性質をもつ。

一方、気高系と呼ばれる血統は、大きな体になりロース芯の面積が大きい「**増体系**」と呼ばれる。現在はこの肉質系と増体系の血統の牛を交互に掛け合わせていくことで、霜降り度合いが高く体も大きな牛をつくるというのが基本的な掛け合わせとなっている。この辺りの話は、馬の遺伝的特性によって勝敗に大きな差が出る競馬が好きな方なら、よく理解できるだろう。

もちろん、霜降り度合いや体の大きさだけではなく、味わいに直接的に関わる遺伝特性もあると思われる。1830年代に岡山県で成立した「竹の谷蔓」と呼ばれる系統の黒毛和種は、いまではそのオリジナルの血統がごくわずかしか残っていない。

その血を引く牛の肉を食べたことがある。通常の黒毛和種の肉より濃い暗褐色で、サシは粗く、見た目はそれほどよい肉ではない。しかし、その肉をホットプレートで焼くと、驚くほど強く芳ばしい香りがたちこめる。口にするとその印象強い香りに加え、赤身部分の味わいが深いコクに満ちており、今まで食べてきた黒毛和種はなんだったのかと思ってしまったほどだ。

このように、品種や血統によって、明らかに味わいは変わる。ただし、その因果関係を一般人が理解することは、かなりハードルが高い。よほどの高級店であれば、食べる肉の血統書を見ることができるかもしれないが、そうした店は多くはないからだ。

それに、血統を見ても「ふうん、この牛の父は平茂勝、祖父は安福久、曾祖父は北国7の8か」と味を推し量ることができる人は、相当の牛肉通しかいない。

ちなみに、日本の肉用牛の半分を占める黒毛和牛は、血統の研究がしっかりなされ、その知識が広く共有されている。だから、種雄牛の解説書を入手して読み込み、よい黒毛和牛を仕入れる店に通って血統を確認しながら食べるという経験を積んでいけば、ある程度は血統から美味しさを判断できるようになるだろう。

ただそれはあくまで、〝黒毛の世界〟に留まるだろう。というのも、黒毛以外の品種に関しては、そうした血統と美味しさの関係は、一般に共有されていないからだ。牛の血統という〝迷宮〟は、果てしない空間なのである。

餌は牛肉の味を決める

グラスフェッドとグレインフェッド

さて、品種に次いで味を決める大きな要因が餌だ。餌を大きく分けると、牧草など草主体の「**粗飼料**」と、コーンなど栄養価の高い穀物主体の「**濃厚飼料**」がある。前者を主体に牛を育てることをグラスフェッドといい、後者をグレインフェッドという。

牛は本来、草を食べて育つ反芻動物なので、大昔は粗飼料だけで育てる飼い方が中心だった。いまでも世界の肉牛生産を俯瞰してみると、牧草が生えるところで牛を放牧して飼っている産地のほうが多い。一方で、カロリーの高い穀物を食べさせると、効率よくたくさんの肉をつけてくれ、なおかつ霜降り度合いが高くなることがわかり、穀物を多く与える給餌方法も一般的になっている。特に、家畜の餌に適したコーンを生産する米国や、米国からコーンを輸入する日本では、穀物肥育が主流となっている。

本来的には、家畜の餌にはその地域でとれる最も安価な飼料作物を与えるのが普通だ。つまり、だだっぴろい草地が広がるオーストラリアやアルゼンチンなどでは放牧して粗飼料のみで牛を飼うのが主流。コーンがとれるアメリカでは、徹底的にコーンを中心とした穀物肥育で、イギリスやフランスでは牧草をベースに、麦類などが多給される。それが一番、合理的なのだ。この点においては日本だけが特殊で、国内では生産コストが高くなってしまうコーンを、アメリカから輸入して肉牛に多給している。

牛が食べたものが肉の味になる

粗飼料と呼ばれる草主体の餌だが、ひと口に草といっても、地面に生えている青草から、それを収穫して水分を飛ばして保存できるようにした乾草（かんそう）、乾草をキューブ状やペレットに固めたもの、牧草をビニールでぐるぐる巻きにして乳酸発酵させたサイレージ飼料など様々だ。また同じ牧草でも、イネ科やマメ科などの品種によって栄養価が違う。セルロースに富むイネ科の植物と、タンパク質を多く含むマメ科の植物をどういったバランスで食べさせるかで、牛の太り方や風味にも違いが出てくる。

ちなみに、粗飼料という漢字表記からして、栄養に乏しく風味の淡い肉になってしまう印象を受けるかもしれないが、そんなことはない。後述するが、放牧で牛を育てることが多いオーストラリアでは、北部と南部で生える草の種類や性質も違い、栄養分の豊かな牧草が生える南部で放牧された牛の肉は、驚くほどリッチな味わいがするものだ。

いま、日本でもグラスフェッドの牛肉に関心を持つ人が増えているが、これからは単にグラスというだけではなく、その内容に着目するようになっていくべきだと僕は思う。

さて、穀物については、デントコーンと呼ばれるデンプン質に富んだ餌用トウモロコシ、大麦や小麦、または麦のフスマ、そして大豆といった穀物が代表的だ。中でも重要なのはコーンで、肥育の段階に応じて圧延したり加熱したりしたものが与えられる。

日本では通常、精肉売場で目にする牛肉が、どんな穀物を食べてきたかを確認することはできない。牛肉商品に必ずついている10ケタの個体識別番号（後述）を調べたところで、餌の情報を得ることはできない。だがやはり、餌にどのような穀物がどれくらいの割合で配合されているかによって、味わいは大きく変わる。

さて、様々な餌を、牛の肥育の各段階に応じて食べさせていく。肉牛を育てる際に標準となる一日あたりの栄養要求量というのがあって、それを満たさなければ肉は増えていかないとされている。言ってみれば、学校給食で子供の成長のために満たさなければならない栄養計算のようなものだ。

これを満たすためには、牧草をたくさん育てる面積を得ることができない日本では、どうしてもカロリーの高い穀物の助けが必要になる。ただ、飼料穀物を生産する面積もとれないため、コストの低い海外の穀物に頼らざるを得ない。そういうわけで、日本の畜産向け飼料の自給率は極めて低く、たったの27％（平成28年度概算）である。

畜産においては、「食べたものの味が肉の味になる」といっても過言ではない。コーン主体で育てた牛と、麦を多めに食べさせた牛とでは明らかに脂の質や肉の香りに差が出る。草をたくさん食べさせた牛の脂は、カロテンの働きで黄色味がかり、肉や脂の香りもグレインフェッドの肉と違うものとなる。肉によって、口溶けのいい脂だったり、ベッタリとまとわりつくようなくどい脂だったりと変わるのは、餌に依るところが大きいのだ。

牛をどうやって育てるか

どのくらいの月齢まで育てればよい？

牛の肉の美味しさを決める方程式、品種×餌の次は育て方だ。ここでいう育て方（専門的には飼養管理という）は、どのように肥らせ、出荷できる肉牛にするかということである。

ただし、日本国内に限ると、育て方はあまりバリエーションがない。というのも、第1章で述べたように、日本では99％、肉牛を牛舎の中で飼養管理するからだ。

海外では放牧で育てたり、放牧と舎飼い（牛舎内で飼うこと）を組み合わせたりとバリエーションがあるが、日本では短角牛や、くまもとあか牛などの一部が完全放牧で飼われるケースがある程度で、基本的には舎飼いである。

しかし、育て方で重要なのはそれだけではない。多くの生産者は肥育期間をいくつかのステージに分け、餌の配合をそれぞれに相応しい内容に変える。ビタミンAを抑制するビタミンコントロールをするかしないかということもある。

そして、個人的に最も重要だと思うのは、どのくらいの月齢まで育てるかということだ。日本では、和牛品種は25～28ヵ月齢程度飼って出荷することが普通だ（乳用種のホルスタイン種はやや成長が早いため、22ヵ月齢程度での出荷となる）。また、性別によっても出荷月齢は変動し、去勢牛はメス牛よりも育ちが早いため、比較的早い段階で出荷する場合が多い。

多くの生産者は基本的に、早いタイミングで出荷したいと考える。出荷までの日数を引き延ばすほど、毎日の餌代がかかってコストが上昇するからだ。一方で、肉の味わいや香りは、月齢が長くなるほどに濃くなると考えられる。いかに血統のよい肉質系の黒毛和牛だったとしても、23ヵ月齢程度で出荷されたものを食べると、「やけにアッサリしているな」と感じることもある。個人的な感覚ではあるが、去勢牛で28ヵ月齢程度、メス牛ならば30ヵ月齢以上は育ててから出荷したほうが美味しいと思う。

もっといえば、お産を経て70～100ヵ月齢程度飼って、餌を食べさせて肥らせた経産牛が一番美味しい。月齢が長くなればなるほど、肉の中に走るコラーゲン質が硬化してスジが固くなったりはするものの、風味やうま味はどんどん濃くなっていくように思う（これについては第5章、第6章でも述べる）。

ともあれ、育て方の部分は、放牧や舎飼いといった飼い方に加えて、飼養管理の中身や、どれだけ長く飼うかという要素が含まれるということだ。

熟成によって肉の味わいは変わる

新鮮な牛肉は、美味しいか？

牛の肉の味を決める方程式として、品種×餌×育て方と説明してきた。ここまでは牛が生きている間の話である。これに、牛を屠畜した後の「熟成」というプロセスを経ることで、牛の肉の味わいが決まることになる。

意外かもしれないが、屠畜してすぐの牛の肉は、とても味気ないことが多い。僕は、自分が名付け親になった土佐あかうしの肉を、屠畜して4日目に食べたことがある。見た目こそ普通の肉だったが、口に入れてもあまり香りはせず、またブリンブリンした強い食感で歯を押し戻す感じで、しかも全く味がしない。ゴムを口に入れているようで、拍子抜けしてしまった。

ところがその3週間後、真空パックで冷蔵しておいたという全く同じ肉を焼いてもらったところ、大きな変化を遂げていた。肉は軟らかく、口に運ぶ前から牛肉特有の香りがたち、歯が心地よく筋繊維を噛みきることができる。そして、豊かなうま味を含んだジュースが染み出てくる。「いったい、3週間前のあのゴムのような肉はなんだったのか！」という感じだ。これこそが、熟成のなせる業である。

タンパク質の塊である肉は、命を失うと死後硬直し、冷蔵保管しておくと硬直が解け、熟成が始まる。生物が細胞内にもっている自己消化酵素がはたらくことによって、強固に結びついたタンパク質が分解されるのだ。

その過程でタンパク質が、うま味成分であるアミノ酸に分解され、硬く引き締まった肉が軟らかくなっていく。大型回遊魚であるマグロは、しばらく寝かせないと味も香りも出ないとよく言われるが、それと同じこと。これを肉の熟成という。

ところで、屠畜してすぐの肉は味気ないと書いたが、その代わりにモチモチとした食感や、鮮度ゆえの瑞々しさがある。また、長期間肥育をした牛の肉は屠畜後すぐの段階でも、味わいが強いこともある。鮮度と熟成、どちらをとるかは好みの問題と考えてほしい。

肉の熟成に適した日数はそれぞれ

肉の熟成に適した時間は、その畜種によって変わる。鶏は半日から1日、豚は3〜5日、そして牛は10日前後あたりが一般的な熟成期間といわれる。だが、これは食品安全などを加味した期間であって、実際にはもっと長い期間をとったほうがよい場合もある。

鶏肉についていえば、45日程度で出荷されるブロイラーは1〜2日目が美味しいといわれるが、その倍以上の期間を飼うような地鶏の場合、もう少し熟成させたほうが肉の軟らかさやうま味が出てくるのではないかと示唆する研究がある。豚肉も、同様だ。

そこで牛肉だが、通常は１００kg前後で出荷される豚に比べて7倍以上の重さの動物なのだから、熟成にはもっと長く時間がかかる。10日前後というのは、商品として販売できるようになるのがそれくらいであって、実際に味わいが乗ってくるのはもう少し経ってからという感覚を持つ人が多い。

ステーキを専門にする店や、一部の焼き肉店では20日以上も寝かせる店は普通にあるし、ドライエイジングの場合、日本では45日前後の熟成期間をとることが普通である。

ドライエイジングという熟成方式の話題が出てきたが、一般的には肉を解体し、部分肉にして真空パックにして冷蔵する「ウェットエイジング」という方式が主流だ。これだと、肉が外気に触れないので衛生的だし、水分が失われないという利点がある。

一方、欧米で伝統的に行われてきたドライエイジングは、空気に触れる状態で熟成させる方法で、日本でも注目されている。湿度と温度をコントロールした冷蔵庫内で風をあて、肉を空気に触れさせながら熟成する。外側は水分が抜けてカピカピの状態になるが、肉に含まれる酵素と微生物の働きで肉に独特の風味がつき、うま味が濃くなる。外側を削るので割高な肉になるが、ニューヨークではこうして熟成した肉をステーキに出す店が、とても繁盛している。

日本の飲食店でも２０１０年あたりから「熟成肉」はホットな話題になっているのだが、熟成の定義がしっかりしていないのと、技術がまちまちのため、「どこでも美味しい」というわけではないので注意が必要だ。

僕がいろいろ食べ歩いた中でも、これは熟成というよりも腐敗に近いのではないか？という肉を出す店もいくつかあった。それでも、消費者は「これが熟成の味か」と食べてしまっているようだ（僕がまとめた『熟成肉バイブル』（柴田書店）では、信頼できる熟成業者などを紹介しているので、参考にしてほしい）。

さて、熟成による味の変化で押さえておきたいことは、屠畜からの期間によって、味わいの濃さなどに変化が出るということだ。単純にいえば、通常の肥育期間を育てた牛の場合、屠畜後10日目の肉と20日目の肉では、後者のほうが味わいは濃くなっている可能性が高い。黒毛和牛の良質な血統の牛を食べてみると、アッサリしすぎて食べ応えがなかったという場合、熟成がまだ若かったのかもしれない。

もちろん、いたずらに長い熟成期間をおけば美味しくなるというものでもないが、肉にはそれぞれ、味わいが最大化される熟成期間があるということを理解しておこう。

スーパーに並ぶ牛肉があまり美味しくないワケ

こんなふうに書いてしまうとスーパーマーケットの関係者に怒られてしまうかもしれないが、よほどいい店でなければ、精肉売場で美味しい牛肉に出会えるチャンスは少ないと思う。それは、主に屠畜してからの熟成過程の問題である。

牛肉の味を決める方程式で、適切な熟成期間をとることで肉が美味しくなると書いた。大型動物である牛の場合、一般的な真空パック下で寝かせるウェットエイジングでは、20日以降のものに、十分な味わいが乗ってくる。店によっては真空パックを外した後、ドリップを綺麗に拭き取り、さらしを巻いて数日置くなど「手当て」をした上でスライスし、販売する。手当てを施した肉は、味わい深くなるものだ。そうした肉は、路面店として個人営業する老舗の精肉店に多いように思う。

ところが、スーパーマーケットでは一般に熟成期間を長くとることがあまりない。なぜかといえば、見た目の鮮やかさを気にするからだ。熟成期間を長くするほど肉のうま味は増すけれども、肉の色は暗褐色になっていく。そうした色の濃い肉を美味しそうと思う消費者が多ければいいのだが、様々な機関が行った調査研究を参照すると、一般的な消費者は一様に、明るいピンク色の肉に好感を覚える傾向にあるという結果ばかりなのである。

また、熟成期間が長くなるほどに、スライスした肉の変色が早まってしまうとも言われる。味に影響がなくとも、変色した肉は消費者から手に取られない可能性が高くなるため、スーパーでは大きな問題となってしまう。

こうした理由から、精肉売場では屠畜から店頭に精肉を商品として並べるまでのリードタイムをあまり長くとりたがらない。数年前、あるスーパーに岩手県の短角牛の産地を紹介し、一頭単位で購入してもらったことがある。とても理解のあるバイヤーさんで、格付けで価格を決めることもせず、生産者に十分納得してもらえる金額で取引してもらえた。せっかく買ってくれたのだから、お客さんに美味しい牛肉だと納得してほしい。だから、「十分な熟成期間をおいて販売してくださいね」とアドバイスしたのだが、「それは難しい」と言われてしまった。

赤身中心の短角の肉は黒毛和牛よりもスライスしてからの変色が早く、その傾向は熟成期間を長くすればするほど増すからだという。結果、そのスーパーでは屠畜から14日程度の熟成で店頭販売された。それでも十分に美味しかっただろうとは思うが、もう少し寝かせたらもっと満足してもらえただろう、と今でも思う。ただし、消費者が買ってくれなければ高い肉を捨てることになり、もったいない。なかなか難しい――と嘆息したものだ。

個体識別番号を検索しよう

一般的なスーパーマーケットでとびきり美味しい牛肉に出会うことは難しいかもしれな

い。だが、売場に並んでいる複数の牛肉商品の中で、比較的美味しそうなものを選ぶということは、できるかもしれない。その方法をご紹介しよう。

スーパーなど小売店頭に並ぶ牛肉には、必ず個体識別番号という10ケタの番号が表示されていることをご存じだろうか？　これこそ、日本が世界に誇る、牛の個体識別データベースのたまものなのだ。

日本で育つ牛は一頭一頭が10ケタの番号で管理されている。牛が生まれてから、市場に出荷されて持ち主が変わったりする際には必ず届け出をし、データベースが更新されるため、牛が異動した履歴が全てわかるようになっているのだ。そこで、この個体識別番号を用いて、売場に並ぶ肉のなかから欲しい質のものを選んでみたい。

例えば、売場に並ぶステーキ肉のパッケージ数種類に異なる個体識別番号が振ってあったとしたら、複数の個体から切り出したステーキ肉が同じようなパッケージで並んでいることになる。さあ、どれを選ぶべきだろう？

サシが多めに入った肉が好きならば、見た目で選んでもいいかもしれない。赤身が好きならばその逆をいけばよい。でも、どれも見た目はそれほど変わらない場合はどうするべきか――。

そんなとき、10ケタの個体識別番号を、家畜改良センターが運営している、牛の個体識別情報検索サービスに入力してみよう。

このデータベースには、スマートフォンからでもアクセスできるので、スーパーの中でもぜひやってみてほしい。ここでは例として、僕がオーナーになって過去に出荷した牛のデータ「0247736359」を入れてみよう（ちなみにこの牛は「国産丸」と名付けた短角牛だ）。そうすると、〝牛の戸籍謄本〟ともいえるような情報が出てくる。その牛の品種や性別、どこで出生し、そこからどこに異動をして、最終的にどこの食肉センターで屠畜・解体されたか、その足跡がわかるようになっているのだ。

このデータの中には、味に関わる重要な情報が詰まっている。

例えば、肉の味は性別によってかなり違う。多くの牛肉通が好むように、メス牛は肉質がきめ細かく、味わいも深みがあると言われる。去勢牛は、去勢したといってもオスの性質が残っており、きめの細かさや落ち着いた味わいという点では、メス牛に劣ると言われる。一方で、肉の盤面は大きくなり、また味わいもダイナミックと感じられることもある。この辺は好みの問題だが、去勢牛かメス牛かを肉を見ただけで判別できる人は少ないだろう。しかし、個体識別情報ではそれがわかるのだ。

肉のことをある程度識っているなら、記載されている都道府県と市区町村の情報も重要な手がかりになる。特別な餌を与えている地域もあるからだ。

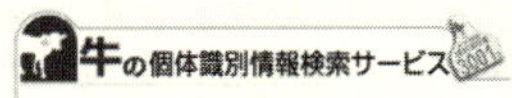

(独)家畜改良センター　☒閉じる

トップページ >>同意確認 >>牛の個体識別情報

牛の個体識別情報

出生の年月日・雌雄の別・母牛の個体識別番号
種別(品種)・飼養場所の履歴

牛の個体識別番号10桁(半角)を入力して検索ボタンを押してください。

検索

【個体情報】　2017年11月01日 22時現在

個体識別番号	出生の年月日	雌雄の別	母牛の個体識別番号	種別
0247736359	2009.03.14	去勢(雄)	1231175826	日本短角種

【異動情報】

	異動内容	異動年月日	飼養施設所在地		氏名または名称
			都道府県	市区町村	
1	出生	2009.03.14	岩手県	二戸市	大清水牧野オーナー牛舎
2	転出	2009.05.07	岩手県	二戸市	大清水牧野オーナー牛舎
3	転入	2009.05.07	岩手県	二戸市	大清水牧野
4	転出	2009.10.29	岩手県	二戸市	大清水牧野
5	転入	2009.10.29	岩手県	二戸市	大清水牧野オーナー牛舎
6	転出	2009.11.02	岩手県	二戸市	大清水牧野オーナー牛舎
7	転入	2009.11.02	岩手県	久慈市	柿木　敏由貴
8	転出	2011.06.06	岩手県	久慈市	柿木　敏由貴
9	搬入	2011.06.06	青森県	三戸郡三戸町	(株)三戸食肉センター
10	と畜	2011.06.06	青森県	三戸郡三戸町	(株)三戸食肉センター

牛の個体識別情報検索サービス
(独立行政法人 家畜改良センター https://www.id.nlbc.go.jp/ より)

そして、最も大事なのが「出生の年月日」と「屠畜」の日付だ。これを差し引きすると、肉牛が何歳で屠畜されたかがわかる。あくまで一般論でしかないとお断りしておくが、片方が24ヵ月齢、もう一方が27ヵ月齢だった場合、僕なら長く生きている後者の牛を選ぶ。一般に、月齢は長いほど味わいも蓄積されると考えられるからだ。

次に、屠畜日と、いままさに買おうとしている日付を差し引きし、屠畜から何日経っているかを計算してみよう。これが熟成期間となるわけだ。スーパーの場合、20日を越すものはあまりないかもしれないが、僕なら1日でも熟成期間の長い肉を選ぶ。理由はすでに書いたとおりだ。

いかがだろうか？　個体識別番号を検索してわかることは意外に多いのだ。その牛の肉に思いを馳せたことがないならば、ぜひトライしていただきたい。売場に複数の個体の肉がある時、僕はこのように推測しながら肉を選んでおり、たいてい、納得いく結果を得ている。推測が外れることもあるが、それはそれで経験値が上がるので、必然的に精度は上がっていく（出生日から屠畜日まで、そして屠畜日から購入日までの熟成期間という単純な数字に着目したが、本章で書いたとおり、牛肉の美味しさにはもっと複雑な要素が折り重なっている。ここに挙げた要素は、基本的な考え方に過ぎないと理解してほしい）。

情報と人脈

よい牛肉を買うためには、よい肉を売っている店と出会う必要がある。そのためには、牛肉の流通を少しだけ識っておこう。一般の人は漠然と、精肉店は生産者から直接、牛を買っていると思っているかもしれないが、そうしたケースは多くない。肉用種の肥育農家だけで見ても、全国でおよそ7800戸あり、多くは市場流通を経由しているのだ。

消費者が牛肉を購入する業態としては、スーパーマーケット、百貨店、生協や通販型の販売事業者、そして精肉店が一般的だろう。これらの売場に牛肉が並ぶまでには、問屋と呼ばれる牛肉の卸売業者が介在していることが多い。卸売業者は食肉市場でセリに参加して枝肉を購買し、それを解体・加工して顧客に販売することを生業にしている。

卸売業者にも様々なカラーがある。高級なレストランなどを顧客にもち、格付け上位の高級牛肉を中心に競り落として取引する「上物屋」と呼ばれる業態や、スーパーマーケットやディスカウントストアといった小売業者の顧客を中心とする業態、または外食チェーンを主たる顧客とする卸など、いろいろだ。

個人的に狙い目だと思うのは、そうした卸売業者が直営で出店する精肉店である。上物屋と称される卸が直営店で販売する肉が美味しくなかったら、業界内での評判は地に堕ちてしまうだろう。だから、そうした店を探して肉を購入し、味に納得したら通ってみるといい。

例えば、東京・芝浦の食肉市場に入場している吉澤畜産は、上物屋として識られている。ここが銀座に出店している「銀座吉澤」というすき焼き店があるのだが、その1階には精肉の小売店が併設されている。

店舗の奥には特別な熟成冷蔵庫があって、選り抜いた肉をそこで長期間熟成することで、肉のポテンシャルを最大限に引き出しているのだ。その肉はすき焼きなどに供されるわけだが、その同じ肉を店舗で購入することもできる。価格は、スーパーマーケットで購入する肉に比べれば高いと思うかもしれない。しかし、その内実を識っている人が費用対効果で考えれば、まさにバーゲンプライスといえる。

もちろん、そうした卸売業者だけが美味しい肉を購入しているわけではない。例えば滋賀県の草津に「肉 サカエヤ」という精肉店がある。社長の新保吉伸さんを含め、たった3人で切り盛りする小さな規模の単独店だ。しかしこの店頭には、新保さんが独自の審美眼で選ぶ近江牛や、各地の生産者から格付けにこだわらず、直接仕入れる牛肉ばかりが並ぶ。しかも、肉の特性に合わせて最適な熟成を施し、食べ頃を見極めて店頭に並べる。多くのスーパーのように、見た目で売るということをしないのだ。

このように、卸売業者の直営店であろうが、単独の精肉店であろうが、格付けだけではない独自の審美眼で肉を仕入れ、その肉に適した熟成や手当てを行って販売する精肉店と出会うことで、美味しい肉を買える。僕はここしばらく、通常のスーパー店頭で牛肉を買わず、こうした業者から直接買うようにしている。

要するに、肉を直接購入するには情報と人脈が必要となるのだ。そのすべてを読者の皆さんと共有することは難しいが、一般のお客さんも足を運ぶことができたり、通信販売で買える業者の情報をおすそ分けすることはできる。

本書の巻末に、僕が美味しいと思う牛肉の販売店・飲食店の情報をいくつか、読者プレゼントとして掲載したいと思う。ぜひ活用してほしい。

第3章

牛肉のおねだん

——体験ルポ・僕は牛を飼ってみた

僕の牛「さち」がまさに出荷される瞬間

ここまでの章で、日本における牛肉の位置づけがだいたいおわかりいただけたと思う。牛肉のことをここからさらにきちんと識るためには、牛を飼って肉にして食べるということをひと通り体験する必要があるんじゃないだろうか？　そうすることで「美味しい牛肉とは、どんなものなのか」を、実感できるのではないか？　そう考えていた折、僕は思いもかけぬ幸運から、牛のオーナーになるという希有な体験をすることになったのだ。

この章では、僕が牛のオーナーになり、子牛を肥育して肉牛に仕上げ、それを屠畜し食べるまでの体験を皆さんと共有することで、さらに牛肉の真実に迫っていきたい。

「日本短角種」の成立

岩手県の北部といえば、寒さで稲が育ちにくかったことから、雑穀を主体とした独特の食文化をもっていた地域だ。ヒエを育て、実は人が食べ、その葉や茎は家畜用の餌にすることで馬や牛と共存してきた。牛はその強靱な足腰を活かして、田畑を耕したり、沿岸部から山間の地域に塩を運搬したりと、使役牛として使われていた。

この地域にむかし在来していたのが、「南部牛」だ。民謡『南部牛追い唄』にも歌われるこの牛も、近代化が進み機械が導入され、農耕用にも運搬用にも使われなくなると、肉用にしようとする動きが出てきた。そのままの南部牛は小型で筋肉質だったため、肉には適さない。そこで欧米からショートホーン種という品種を導入して掛け合わせた。そうして1957（昭和32）年、和牛のひとつ「日本短角種」として成立したのである。

初めてこの短角牛の姿を観たときのことはありありと覚えている。東京・広尾にある和食の名店「山藤」の板前・梅田鉄哉さんに、「やまけん、俺が修業した岩手の山形村（久慈市に合併する前は村だった）に行かないか？」と誘いを受けたのだ。

梅田さんは、短角牛の産地である久慈市山形町で、地域の食材を活かした商品開発をする仕事をしていた。山形町は、電気が通ったのが日本中の町村で最後から数えたほうが早いというくらいの山間地にある。日本の牛では珍しい、放牧を取り入れた飼い方をする短角牛に興味があり、「ぜひに！」と岩手に行くことになった。

短角牛との衝撃的出会い

いわて沼宮内駅から1時間半、木々も緑の草もうっそうと生い茂り、その香りでむせかえりそうな山道を走っていると、車がゆるゆると停車した。

「ほら、短角牛の群れが休んでますよ」

え、どこに？　森の暗さで何も見えないけど……。しばらくして木漏れ日がちらちらするのに目が慣れてくると、なんとすぐそこに牛たちがいた！　木立のなか、手を伸ばせば届きそうな距離に50頭近い、濃褐色の牛たちが横臥し、ゆったりと休んでいるではないか。思わずドアを開けて外に出ると、その音で牛たちも驚いたのだろう、群れの全頭がズワワワッと立ち上がり、「ンモーッ！」と鳴きながら林の奥へと歩いて行く。

その瞬間、頭のてっぺんから足の指先まで電流が流れるような衝撃を僕は受けていた。牛ってこんなに大きな生き物なんだ！　その牛が深い緑の中を歩いている。仕事柄、肉牛を育てる農家を訪ねたことは何度もあったけれども、こんな大自然に牛が放たれた光景を見るのは初めてだった。迫力があって、それなのにとても静謐（せいひつ）で、どんな映像でも伝えることができない臨場感があったのだ。

短角の群れが木陰から移動する向こうには、牧草が生えた斜面が広がっている。これを牧場ではなく牧野（ぼくや）と呼ぶことをその時に教わった。牛たちは地面に生えている牧草の若芽をムシッムシッ（本当にそういう音がするのだ）と食べながら、ゆるやかに移動を続ける。おいおい、本当に牛が放牧されてるよ、と感動してしまった。

このとき僕が感動した短角牛の群れは、その年の春に生まれた子牛と母牛たちの放牧風景だった。短角牛は春に生まれたのち、牧草が生えた牧野に母牛と一緒に放たれ、母牛の乳と草だけを食べて幼少期を過ごす。お乳と草と水、少量の塩だけで体を作ってくれるのだ。自分がこれまで見てきた、生まれてすぐに牛舎に入り、出荷までほぼ牛舎の中で過ごす黒毛和牛とは全く違う世界だ。牛が緑の中にいる光景って美しい――という強い印象が残る、短角牛との出会いだった。

僕も短角牛を持ってみたい！

短角牛との出会いからしばらくして、同じ岩手県の北部にある二戸(にのへ)市で開催されるイベントで講演をすることになった。二戸市には、伝統的などぶろくを作れる特区がある。そこで全国のどぶろく特区の人達が集まってシンポジウムを開いたのだ。無事に講演を終え、美味しいどぶろくに心地よく酔った翌日、こう声をかけてもらった。

「やまけんさんが好きな短角牛が二戸にもいるんですよ」

「お、短角牛がいるのか！」と小躍りして、二戸市周辺の産地を視察させてもらった。

11月にもなると草が枯れ、雪が積もるシーズンとなる。放牧されていた短角牛は山を下りるのだが、母牛は牛舎に入り、子牛はしばらくして開催される子牛市場に出荷される。これが「夏山冬里」と呼ばれる、短角牛に特有の生産方法なのだ。木造の牛舎には、牛が入る枡(ます)と呼ばれる部屋の中に母牛がいて、冬の寒さで、牛の鼻から湯気がもわっと上がっている。

「このメス牛たちのお腹には、もうすぐ生まれる子供が入ってるんですよ」と教えてくれたのは、役場で畜産担当（当時）をしていた杉澤好幸くんだ（僕と同い年ということで、無二の親友となったため、くん付けで表記させていただく）。大柄でガッチリした体格の杉澤くんがニコニコしながら続ける。

「わたしも一頭、短角牛のメス牛を持ってます。短角牛の母牛を持つことができるオーナー制度というのがあるんですよ」

　和牛のオーナー制度というと、以前にそれを騙る詐欺事件があった。また、多くのオーナーを抱えながら倒産した安愚楽牧場のことを思い出す人もいるかもしれない。しかし、二戸で行われていた短角牛のオーナー制度はそうした和牛預託商法ではない。

　僕が見た牧野は、自然環境ではなく人が切り拓き、牛が逃げないように数㎞の範囲を有刺鉄線で囲んだ区画だ。これを保っていくためには、当然ながら一定以上の頭数が放牧されていないと採算が合わない。しかしこの時代、格付けのこともあって黒毛和牛ばかりが高く売れるため、二戸周辺でも短角牛の生産者の意欲が減退。それによって放牧頭数も大きく減少していた。

　そこで牧野の管理組合が、周辺の農家を対象にオーナー制度を立ち上げたのだ。オーナーはお金を出して牛を所有するが、牛の世話は放牧中も牛舎にいるときも管理組合が専属の「看守さん」を雇って、代理で行うという試みだ。つまり、世話を任せたままで牛を所有できるということ。僕は思わず杉澤くんに叫んでしまった。

「僕もその、短角牛のオーナーになれませんか⁉」

短角牛の母牛のオーナーになる。これは思いつきではない。牛を飼うとはどういうことなのか。農家の抱えている喜びや心配、事故などのリスクを、身をもって感じるところから、もっと深い付き合いをしてみたいと心の底から思っていたのだ。

「オーナー制度はこの周辺の農家さんを対象にしていますので、ちょっと難しいんですけど……」と杉澤くんが唸る。まあ、それはそうだよな。僕も言い出したそばから、半分ほど諦めはついていた。しかし2ヵ月後、杉澤くんから連絡がきた。

「やまけんさんを、短角牛のオーナーとして歓迎すると組合から連絡がありましたよ！」

ええっ、ホント⁉ 無理なんじゃなかったの？

誤解しないでほしいのだが、日本では家畜としての牛を持てるのは農家や組合だけで、僕のような農家でない者が牛を所有することはできない。それなのに、なぜか？

「やまけんさんが牛を持ったら、俺たちの短角牛のことを宣伝してくれるかもしれないだろ？ そう話したら皆が、それはいいことだと受け入れてくれたんだ」

この時は知るよしもなかったが、杉澤くんは牧野管理組合と複雑な調整をしてくれていた。牛を育てるには共済保険に入ったり、様々な国の制度下に入ったりと、いろんな手続きが必要なのだ。またそれらは、基本的に農家の認定を受けていることが前提だ。

そこで、あくまで牛の正式な所有者は管理組合なのだが、管理組合にその牛の世話代や餌代などを支払うことで、名目上のオーナーとなったというわけだ。うまくいけばメス牛は毎年、子牛を産んでくれる。生まれた子牛をどうするかは、ぜんぶ僕が決めてよい。

これぞ僥倖（ぎょうこう）というものだろう、とうとう僕は牛を持つことができるのである。

「ひつじぐも」との出会い

２００７年の７月。

「やまけんさん、購入する牛を選んでもらいますので、牧野までおいで下さい」

杉澤くんからそう連絡があり、僕は二戸市の浄法寺（じょうぼうじ）地区へと向かった。ふもとから30分ほど急峻な山道を登ると、いきなり道路脇に牧草の生えた広大な空間に出る。風力発電用の風車が何基も彼方に連なる牧野が広がっていた。稲庭岳という山を農家自身が切り拓いて作った、大清水（おおしみず）牧野である。牛が逃げないように閉めてあるゲートから牧野の中に入ると、牛を追い込む時に使う柵に、僕の身長くらいの高さがある牛が繋がれている。

「２頭用意していますから、お好きなほうを選んでくださいね」

最初に目についた牛は、綺麗な体格にスッと素直な角度で角（つの）が生えていた。生まれてから15ヵ月くらいというわりには大きいなあ、と思いながら近づくと、びくっと下がってしまう。放牧状態の牛は野生の気分に戻るのか、あまり人に馴れないようになるのだ。褐色の体軀に、20㎝程度に伸びた角。なんだかシンプルな美しさがあるな——。

「この子はいい体型をしてる。きっと子育て上手の母親になりますよ！」

と杉澤くんも言う。彼は当時、役場の職員として牧野組合の世話人もしており、自分でもオーナーになっていたので、牛を見る眼は確かなはずだ。お薦めに従って、この牛を自分のものにすることに決めた。この杉澤くんの眼力が、この後の僕をどれだけ幸せにしてくれたか分からない。

牛にはすべて名前がつけられているのだが、その子の名前を確認したら、なんと「ひつじぐも」だという。「ひつじぐも」？　女の子なのにそれはないでしょう⁉　と思ったが、牛の名前は生まれた時に持ち主が決めてしまうので、僕にはどうしようもない。

牛を飼うのにいくらかかるか？

ところで、和牛のオーナー制度というと、牛一頭あたりの価格がいくらになるのか気になることだろう。芝浦の市場に出荷された松阪牛が２００万円以上するのだから、きっとすごい価格なんじゃないか……そう思う人も多いのではないか。でも、そんな金額だと、おそらく牛の生産者はいなくなってしまう。

どんな牛を購入するかによって金額は違う。僕の場合、まだ子を産んだことのない若いメス牛を購入するわけで、生まれてからまだ1年ちょっとしか経っていないから、餌代などもそれほどかかっていない。それに対して、肉牛にするために30ヵ月以上もたっぷり餌を与えてきた牛は、手間もお金もかかっているのだから、それなりの金額で売れなければ儲からない。

結局のところ、ひつじぐもの価格は28万2450円だった。このとき、意外と安いもんだなと思ったが、これはあくまで2007年の、黒毛和牛ではなく短角牛の素牛(もとうし)一頭の購入価格にすぎない。全国的に牛の価格が値上がりし、黒毛和牛の子牛が70万円以上もする今となっては、短角牛もこんな安値では購入できないと思う。

さて、牛は生き物なので、購入価格に加えて日々の餌代、管理料などがかかってくる。また、牛が事故に遭ったり病気になったりした際の備えとして、共済保険にも加入しなければならない。子供に予防接種をするのと同じように、牛にもワクチン類の予防接種が必要だ。牛の戸籍情報である個体識別データベースに、飼養場所が牧野組合に異動したことも登録が必要だ。

母牛を所有し、子牛を産ませて半年ほど育て、その子牛を販売し、利益を得る。こうした畜産方式を「**繁殖経営**」という。ひつじぐもはまだ「独身」なので、彼女の分しか世話代もかからないが、来年になると子が生まれ、２頭分の世話代がかかるようになる。

ちなみに短角牛は、春から秋にかけての放牧期間は牧野に生えた牧草と水と塩、子牛はそれに加えて母牛の乳だけで命を繋いでくれる。広大な牧野をいくつかの牧区に区切り、ひとつの牧区に45〜50頭くらいのメス牛と子牛が放牧される。その牧区の草がなくなると、休ませておいた牧区に移らせて、牧野を回していく。牧野には、牛たちの世話をする「看守さん」がいる。調子の悪い牛がいないかどうかをチェックしたり、牧区の移動をしたりするわけだが、だいたいは60歳以上の、牛扱いに長けた超ベテランだ。

だから、放牧期間にかかるお金は、牧野の維持管理料と看守さんの雇用にかかる金額ということになる。この頃の大清水牧野では一日１２０円を支払った。牧野組合がオーナーを増やしたいこともあって、かなり頑張って安くしてくれた金額だ。「人間の食費や生活費に比べると安いな」と思ったが、最終的にはそれなりの金額になる。しかも牧野にいられるのは、雪が降る11月前までなのだ。

秋も終盤にさしかかると、牧野の草が枯れるので、牛を山から下ろしてオーナー牛舎に入れなければならない。そうなると餌を食べさせたり、毎日出る糞をかき出すなどの仕事が発生する。ここでも牛舎を守る看守さんを雇用するので、もろもろ経費がかかる。

この頃のオーナー牛舎では牛の餌代・世話代として一日５００円という価格設定になっ

ていた。短角牛の母牛は冬も、夏の間に刈り取っておいた乾草を中心に食べるため、このコストで抑えられるのだ。

これらのひつじぐもの生活費は、オーナーである僕が支払うことになる。

牛たちが愛を交わす瞬間

ひつじぐもを所有していても、現地で僕が面倒をみられるわけではない。役場の短角牛担当である杉澤くんに状況を報告してもらいながら、数ヵ月ごとに二戸に赴き、牛に会う。短角牛も牧野に出たらずっとそのままでよいわけではない。1ヵ月に一度の割合で病気になっていないか、妊娠していないかを調べたり、ダニやアブなどの害虫から牛を守るために薬剤を背中に塗布したりするため、衛生検査を実施する。その際は牧野組合の人達が総出で牧野に上がり、牛を1ヵ所に追い込むのだ。

それにしても、牛という大型動物と対峙するというのは特別なことだった。僕が見る限り、歩いたり寝たりする以外には、牧草をモシャモシャと食べるか、時折なんの前触れもなくおしっこかうんちをする（ビックリするほど大量に！）くらいしかしていない。それをするのは600kg前後の、巨体だ。彼女らは一日に8kg程度の餌を食べ、10kgの水を飲み、そして排泄するのだ。犬や猫を飼うのとはワケが違う。

ところで短角牛は、日本では珍しい「まき牛」方式での子牛生産をしている。まず、短角牛以外の牛の説明から入ると、日本の牛たちは肉牛でも酪農でもほぼ、自由恋愛をすることなく、人工授精で子供を産むのが普通だ。そのほうが、人間に都合の良い資質（サシが入るとか育ちが早いとか）をもった血統をコントロールできるからだ。メス牛の発情期になると家畜人工授精師という資格を持った人がやってきて、冷凍保存されていた、管理された血統のオス牛の精子を「シュコッ」とつけてまわる。無味乾燥だが、畜産と野生の最大の違いは生殖をコントロールすることなので、これは仕方がない。

これに対して短角牛は、オスとメスがきちんと恋愛をして子を宿す。牧野に放たれるメスの集団の50頭くらいにつき、「種雄牛」と呼ばれるオスが1頭放たれる。メスが50頭もいると、だいたい毎日1頭は発情期を迎える牛がいる。メスが発情するとフェロモンをまきちらすのだが、オスはそれに敏感に反応し、種をつけるのだ。

僕もラッキーなことに（?）、牛たちが愛を交わす瞬間を見たことがある。50mほど向こうで、オスがメスのお尻をクンクン嗅いでいる。むむ、と思って望遠レンズをつけたカメラを構えた次の瞬間、巨大な半身を起こしてメスの後ろから乗りかかるではないか！　うわ、メスがつぶれちゃうよと思った刹那（せつな）、ひょろんと伸びたペニスがメスの中に入り、瞬間的に行為は終了した。「えっ、もう終わり?」と思うが、牛のペニスはメスの体温を感じると射精するようにできているそうで、ほんの一瞬でコトが済んでしまう（逆に、あまり長引いたらメス牛がぎっくり腰になってしまう）。そのとき感心したのは、行為が終わった後もオスがメスに頬を寄せて、なんとなく仲良くしていたこと。ああ、モテる男ってのは、牛も人間も同じなんだな……と思いながらシャッターを切った。

こんな交尾をオスは毎日のようにしていくので、うまくすると秋までの間に50頭のメスのすべてが妊娠する。これが「まき牛」方式である。ちなみに一つの牧区に入れるメス牛は50頭が上限とされるのは、1頭のオス牛が秋までに種をつけて回れる上限数がそれくらいだからだそうだ。秋になって下牧する（牧野から里に下ろす）時、オスの体重は入牧の時から50kg以上も減っているという。彼らもまさに身を削りながら（笑）、仕事をしてくれているわけだ。

短角牛以外にも、まき牛で繁殖を行うところもあるにはあるが、短角ほどまとまった頭数のまき牛は日本にはない。人工授精の受胎率は70％程度なのに対し、自然交配だと90％以上といわれている。牛の発情を人が見て判断するよりも、やはりオス牛の本能に任せるのが一番なのだ。短角牛はこういう点でも希有な存在といえる。

「ひつじぐもも、放牧に出て3ヵ月経ったから、種がついているかもしれませんよ」

と杉澤くんに言われたけど、自分のオンナノコに種がつくなんて、少しムッとしてしまった。でもその後に行われた衛生検査の夜、「お腹に子供がいることがわかりました！」と連絡をもらったときは一安心した。いよいよ僕が名付け親になれる牛が誕生するのだ。

可愛い子牛を肉牛にするという選択に悩む

初めて知ったときは驚いたが、牛が子供を産むのにかかる期間は、人と同じくだいたい十月十日（とつきとおか）だという。２００８年３月下旬、無事子牛が生まれたと連絡があった。

「めんこいメスですよ！　さてこの子牛を母牛にしますか、それとも肉牛にしますか？」

うーん困った。第１章でも書いたように、短角牛は日本の肉牛のなかでもごくごく頭数の少ない希少種だ。メスが生まれたら肉牛にして食べるより、母牛候補として残すことが望ましいとされている。オスは子を産まないから問答無用で肉牛になるが、メスの場合は母牛にして、頭数を増やそうというわけだ。とても悩ましい。けれども僕は、最初から決めていた。１頭目の子牛は女の子でも肥育農家に預けて太らせ、肉にしようと。だって僕は、牛が肉になるということを実感するために、牛を持つことに決めたのだもの。

ああ、それなのに！

僕はこのオンナノコを「さち」と名付けてしまった。牛が生まれると、人間と同じように登記をするのだが、その際に名前を付けることになる。オスは漢字で、メスはひらがなで名付けるようになっている。女の子だからひらがなだ、どうしようかと思ったとき、わりとすぐに「この子に幸（さち）おおかれ」と思って「さち」と名付けた。うん、いい名前だ。でもね……最後は肉にして食べちゃうんだよ。それなのに幸おおかれもなにもないもんだ、としばし自己嫌悪することになった。

初めてさちに会いに行ったとき、肉牛にするという決断を激しく後悔してしまった。だって、ものすごく可愛いんだもの。生まれて1ヵ月くらいの子牛はバンビのように細く小さくしなやかな体軀、透き通った眼で、誰もがハートを射貫かれるくらいに可愛らしい。ああ、こんな子を肉にするんだと思うと本当に心が痛んだ。けれど、この子を肉にするということで僕はようやく牛肉の真実に近づくんだ、と自分に言い聞かせたのである。

一般の人が畜産のありかたに初めて触れる際に必ずショックを受けるのが、健康に育てた家畜を最後に屠畜するという現実を知ったときだ。顔がゆがんで「かわいそう……」と唸った後、よく「生産者さんはなんで平気なの？」と言う人がいる。可愛い牛を屠畜することを体験した身として言うと、全く平気ではありません。僕はこの日から出荷したその後まで、何度も煩悶し「やっぱりいまから母牛に変更しようか」と悩んだものだ。

そしてその後に見えてくるものもあるのだが、それはまた後述しよう。

肥育——餌で太らせて育てること

10月、雪がそろそろ降るという頃、牧草が枯れるので牧野から牛を下ろす時期だ。

肉牛の生産者には3つのパターンがある。一つ目は先にも書いた「繁殖経営」。メス牛をたくさん飼い、産ませた子牛を出荷する。二つ目は「**肥育経営**」。文字通り、子牛を買って太らせて、肉牛に仕上げる。三つ目は繁殖と肥育の「**一貫経営**」。

山から下ろしたさちは「繁殖」の段階を終えた。短角牛の繁殖農家であれば、このタイミングで子牛を市場に上場し、肥育農家に販売することで収入を得るのだ。

「普通なら出荷の時期だけど、さちは市場で売るのか？ それとも肉にするのか？」

この頃にはもうすっかり友だちづきあいをするようになっていた杉澤くんと、浄法寺地区の名産・どぶろくを呑んでいる時、再度確認された。

「いいや、売らないよ。こいつは俺が責任を持って食べるんだ。だから肥育に回してくれないかな？」

そうなると、これまでの牧野での放牧段階から、肉をタップリつける肥育の段階に入らねばならない。

「じゃあ、このあたりで一番腕利きの肥育農家さんに頼むのがいいよなぁ」

そこで紹介してもらったのが、二戸市で唯一の肥育農家である漆原憲夫さんだ。もともと二戸市の土木部に勤務していたが、第二の人生として短角牛専門の肥育農家という道を選んだ人で、二戸市で200頭以上も飼っている唯一の生産者である。漆原さんは通常、牧野組合から自ら子牛を仕入れるのだが、僕のさちを肥育してくれないかと頼むと、二つ返事で引き受けてくれた。

ところで、さちが牧野にいる間は、ひつじぐもの放牧世話代を含め、それまでの一年で十数万円しかかからなかった。それは牧野組合が頭数を増やすために、オーナーの負担を減らしてくれていたからだ。しかしここからは肥育段階となる。毎日の餌代に加え、さまざまな手間がかかることもあり、一日600円の預託料を支払うこととなった。

地元の名物を牛に食べさせる

こうやって条件を決めると、長く飼えば飼うほどに、それだけの費用がかかることが本格的にわかる。僕にも、遅まきながらここで経営的な観点が生まれた。通常の黒毛和牛なら25〜28ヵ月齢になった段階で出荷されるが、最高峰といわれる松阪牛は少なくとも30ヵ月以上育てられる。中には40ヵ月以上の個体が、とんでもない価格でうやうやしく出されることもある。基本的には、長く飼えば飼うほど美味しい肉ができるのだ。しかし、そのぶん毎日の餌代がかかってしまい、高く売らなければ儲からない。

松阪牛や米沢牛のようにブランドが確立していると、出荷時の体重がそれほど重くなかったとしても、「そのほうが美味しい牛だから」と高く買ってもらえることもある。そういう当てがあるならよいが、短角牛の場合はそこまでのブランド力がないため、どんなに長く飼っても高く買ってもらえない可能性が高い。だから、肥育農家にとっては、25〜28ヵ月くらいの若い月齢で700kg以上になり、出荷できる牛こそ良い牛なのだ。

そういう話は、知識としてはすでに頭の中にあったものの、いざ牛の餌代を自腹で払う身になると、それがじつによくわかるようになった。外野から「じっくり飼ったほうが旨い」と言うのは簡単だが、餌代がかかるんだから、そんなに気長に構えていられないんだよ、というのが肥育農家のホンネなのだ。

ところでオスとメスではどうしてもオスのほうが育ちは早い。短角牛の子は、オスに生まれると、放牧中のわりと早いうちに去勢される。毎月牛を牧野の1ヵ所に集めて行う衛生検査の際に、追い込み柵に入れて動けないようにして、獣医師さんが速やかに処置をする。男としては、見ていて股間がヒンヤリ縮こまる光景である。

去勢されると、オス牛特有の筋骨隆々の体軀に育つことはない。それでも、成長の速度には大きな違いがあり、去勢牛は25ヵ月程度で十分大きくなるが、メス牛はもう少し長く、28ヵ月くらい飼わないと、同じような体重にならないことが多いのだ。

さて、さちをどのように育てようか？　さちの肉は僕が食べるのだから、美味しさを重視したい。餌代が余計にかかってもいいから28ヵ月以上、できれば30ヵ月程度の長期肥育をしてほしいとお願いをした。

牧野では生の牧草をムシャムシャ食べていた子牛だが、肥育農家に入るとしばらくは、ワラや乾草などを中心に食べさせて胃袋をしっかり作る。その後は栄養価の高い穀物飼料を与えて育てる。本来は草食動物である牛にいきなり穀物飼料を与えてしまうと、うまく消化できずに死んでしまうことがあるので、徐々に慣れさせるのだ。

穀物飼料として与えるものは何かというと、通常は輸入コーン（子実トウモロコシ）を中心にした餌となる。すでに述べたように、日本の畜産飼料はアメリカ産のコーンに依存しているのだが、漆原さんは独自の工夫で岩手県産度の高い飼料設計をしていた。夏の間に収穫しておいた乾草に加え、岩手県の北部で生産される雑穀のカス、そして地元の名物である南部せんべいのミミや、乾ソバや乾ウドンの製造時に出る切れ端など。

最近ではエコフィードと呼ばれる、人が利用しない食資源をうまく配合することで、輸入コーンの割合を通常の半分以下に減らすことに成功していた。自分の牛には地域に根ざした餌を食べてほしいと思っていたので、僕は漆原さんにさちを預けたのだ。さちの顔を見に行くと必ず、漆原さんは餌を混ぜて、給餌するところを見せてくれた。

肥育段階に入ると、驚くほどのスピードでさちは成長した。８ヵ月ばかり（人間でいうと中学生くらい）で、すでに２５０kgを超えた大きさに育っている。可愛らしい面影はどこへやら、立派な体軀に育っていたさちに、ホッとするやら残念やら、である。

出荷を考える時期が来た

その年のクリスマスの頃、オーナー牛舎にいるひつじぐもに会いに行った。さちを産む前の彼女は神経質で、人が近づくと後ずさりして近寄らせてもくれなかったが、母親になったとたんに落ち着きが生まれ、僕を気にせず乾草をもしゃもしゃと食べている。そのお腹には、嬉しいことにもう次の子牛が宿っていて、ドーンと横に張り出していた。

このように、繁殖メス牛を牧野に放って「まき牛」をしておけば、順調にいけば毎年一頭（たまに双子や三つ子も出るそうだが）の子牛を産んでくれる。だから、メスを10～30頭くらい所有して、生まれてくる子牛を市場に出荷することで、繁殖農家は生計を立てられる。この頃の子牛相場は今のように高騰していなかったので、一頭の子牛が20万～25万円程度で売れた。

黒毛和牛の子牛はこの頃でも50万円前後だったが、短角牛はそんな高価格にはならない。それでも、夏は山で放牧している間に他の作物を栽培することで、複合的に収入を得られる。ひつじぐもが暮らす浄法寺地区では、夏の間はタバコの葉を生産し、冬になると牛の世話をするというのが農家の一般的なサイクルだったそうだ。

年が明けて3月、ひつじぐもが第2子のオスを出産した。この牛には国産の飼料だけを食べさせて育てようと決め、名前を「国産丸」と命名。この牛に逢いに急いだ。3月の二戸はまだまだ気温が低く、餌となる牧草が生えていないので、牛は牛舎で暮らしている。ひつじぐもと国産丸が暮らすオーナー牛舎へ行くと、木造の枡の中に国産丸がいた。生まれたての牛はまだ角が生えておらず、鹿のような額の真ん中にクルッとつむじが巻いて、つぶらな瞳。文句なく可愛らしい!

嬉しかったのは、さちの哺育期に乳房が腫れて育児放棄をしていたひつじぐもが、今回はきっちりと子供に乳をやっていたことだ。乳量が多い牛だったのがあだとなり、乳腺が詰まって炎症を起こし、乳首が一つ使い物にならなくなってしまっていた。でも今は、目の前で国産丸が彼女の乳を美味しそうに飲んでいる。

よかった、今度は順調に子育てが進みそうだ。

その足で久しぶりにさちに逢いに行ったのだけど、彼女の顔を見るなりビックリしてしまった。体重400kgほどに成長しているのだ。可愛い少女の面影はもうどこにもない……子供が大きくなっていくのを見る親の気持ちと同じである。

「そろそろ、さちをいつ頃出荷するのか、考えたほうがいいですね」

と杉澤くんに促される。２００８年3月生まれだから、ちょうど1歳。牛の場合は月齢で数える場合が多く、12ヵ月齢ということになる。通常の短角牛であれば、オスなら25ヵ月齢、メスは28ヵ月齢ほどで出荷するのがこの辺りのやり方なのだが、さちはできるだけ長く育てようと思っていた。最低でも30ヵ月齢、となると、あと1年6ヵ月ある。

まだまだ付き合いは長いな、と思っていたのだが……月日はあっという間に過ぎた。その間に、第2子の国産丸は山を下りて、国産飼料１００％で育ててくれる若手農家・久慈市山形町の柿木敏由貴くんに引き取られていった。放牧されていた母牛のひつじぐもは、順調に第3子を宿し、またもや立派な体格の男の子を産んでくれた。

この子には穀物をほとんど与えず、粗飼料と呼ばれる草中心の餌のみを与えて育てようということにして「草太郎」と名付けた。草太郎は、短角牛発祥の地と言われる岩泉町の畠山利勝さんに預かってもらうことにした。

そうこうしているうちに、さちを出荷する目安の期間である30ヵ月がもうすぐ来ようとしていた。すでにさちの体重は７００kgを超え、体高はそれほどでもないが、横にグッと張り出した弾丸のように肉の詰まった体になっている。

「やっぱり、やまけんちゃんが買った母牛は優秀だね。さちはいい体格してるよ。今さらだけど、さちも繁殖牛として子を産ませたほうがよかったねぇ」

という杉澤くんの言葉に、心がざわついた。でも母牛にしてしまうと、本来の目的である「牛が生まれて肉になるまでのサイクルを識ること」が1年間遅れてしまう。だから貴重なメス牛だけれども、食べようということになったわけだ。

もうすぐお別れだ。「出荷」と言ってしまえば無味乾燥に響くが、実際は「屠畜」して解体し、部分肉にするという、さちの命をもらう行為である。さちが生まれた頃から一緒に喜んでいた妻は、「ねえ、いまからさちを母牛にすることはできないの？　どうしても肉にしないといけないの？」と言うのだが、立派に太ったさちをいまさら繁殖メス牛にするというのは、正反対の行為なので現実的ではない。

この頃、本当に辛くて苦しんだ。畜産と関係のない一般人がよく「自分が育てた家畜を屠畜できるなんて、畜産農家は悲しくないんだろうか？」などという不躾な疑問を口にするのをきくが、想像力のかけらもないなと思う。最初の一頭は、本当に辛い。

でもこれは、牛の肉をいただくことがどんなことかを理解するために必要なこと。当日は屠畜場に足を運び、解体された彼女の姿をきちんと見ようと決意を新たにする。

霜降り能力が高い牛だった

２０１０年６月22日、とうとうさちを出荷し、屠畜場へ送る日が来てしまった。朝一番の新幹線に乗って二戸に着いた僕を迎えに来てくれた杉澤くんが、ニヤニヤしながら報告があると言う。

「実はですね、やまけんちゃんの母牛のひつじぐもについて、育種価がとても高い牛の血統であることが判明して、血統がどうなっているのかを県職員が調査に来ました」

え⁉　それはどういうこと⁉

「育種価」というのは、牛が遺伝的に親から授かる「肉を作る能力」だ。第１章に書いたように、肉牛は屠畜されるとＣ１～Ａ５までに格付けされて価値が決まる。大まかに言えば「肉をたくさん作り出す能力」と「霜降り肉になる能力」が重要だ。この能力は遺伝によるので、全国で好成績を残した肉牛はその父方と母方をチェックされて、「どうやらあの種雄牛の血統がいいらしい」となると価値が高くなるわけだ。

県職員の調査によって、僕の「ひつじぐも」の父方にいる「辰錦（たつにしき）」という種雄牛の能力が高いことが判明したのだが、その血を継ぐ母牛は「ひつじぐも」を含め２頭しか残っていないそうなのだ！　うーむ、なんたることかと唸ってしまった。それはつまり、さちを生かして母牛にしておけば、ものすごい価値を持った母牛になったに違いないということでもあるのだから……。

ただし、育種価が高いということは、今の日本の和牛の価値観である「霜降り肉信仰」で評価される肉ができるということだ。皮肉なことだが、赤身肉を求めて短角牛のオーナーになったのに、その牛は霜降り能力が高い牛だった！　でも、雑穀のカスを食べているさちの霜降りは、きっとアッサリしていて美味しいはずだから、よしとしよう。そんなこんなで、意外な展開をはらみつつ、さちが暮らす漆原牧場へ着いた。

牛舎にいるさちと最後の対面をする。ドーンと四角形の、肉牛らしい良い形に育っていた。漆原さんに体重を聞くと、「だいたい730kgくらいかなぁ。オスだったら800kgにもなるけど、メスだからこれで十分いい成績だと思うよ」と教えてくれた。

さちの屠畜に関しては、あらかじめ青森県三戸町にある施設に依頼しておいたので、そこまでさちを運ばなければならない。家畜の移動は、農協に依頼すれば手配してくれるのだ。さちとの別れを惜しんでいると、牛を運ぶ家畜運搬車が農場の入り口にさしかかる音がした。「じゃ、紐かけるか」と言って漆原さんが、カウボーイのように輪を作った紐をさちの角に引っかけ、ぎゅっと顔のところで縛って引っ張れるようにする。

それを3人がかりで引き、牛舎からさちを出そうとするのだが、さちは思い切り踏ん張ってびくとも動かない。牛は臆病で、環境が変わることに敏感な動物だ。自分が別の場所に連れて行かれると思ったのだろう、足に根が生えたようになってしまった。「ホイホイッ」「シィーッ」と声を立て、お尻をビシビシと叩いて少しずつ進ませる。もちろん僕も力一杯に引っ張る。

そのとき僕は「さち、大丈夫だから。大丈夫だから、行くんだよ」と声を掛けていた。そしてその瞬間、「いや、本当は大丈夫じゃないんだよな、俺はいま屠畜場にさちを引っ張ろうとしてるんだから」と、解決不可能な思いが頭をグルグルと回ってしまった。でも、グイグイと紐を引っ張った。さちの足が家畜運搬車のステップにかかると、それまでの抵抗がウソのように、スッと自分から荷台に入っていった。

屠畜場にて

運搬中はでこぼこ道もあるし、牛がゆったり座れるようにしているのかと思ったが、運搬係の人がさちの角の紐を座れない高さで荷台の枠に結わえるので、さちは踏ん張って立つしかない。それを見て、またもやごめんな、と胸の中でつぶやく。このように家畜に感情移入して「ごめんな」と思うことは、畜産の業界では必ずしもよいこととはならない。

家畜は「経済動物」といわれ、命をいただくことで人間の役に立つ。いたずらに「かわいそう」とか「ごめんなさい」と思うのは、畜産に関わる人達の仕事を不当と捉えることにつながりかねないからだ。でも、自分が初めて育てた家畜を出荷する際に、なんの感慨ももたない生産者はいないのではないか。そしてそのこと自体を責められても、そんなの仕方がないじゃん、としか言いようがない。

漆原さんの牧場から屠畜施設までは40分ほどだが、杉澤くんに車を出してもらって最後まで見届けることにしていた。僕が屠畜場までついていくとわかると、運搬係の農協職員がひどく驚いていた。

「普通、肥育農家は自分の牛を送るのは嫌がって、ついてこないけどな」

ああ、やっぱりそうなのか！　プロの肥育農家でも、自分が20ヵ月以上も世話した牛を屠畜場に送るのは嫌なものなのだ。家畜はペットのような「愛玩動物」とは違う。

養豚業者を見ていると、結構な確率で死んでいく子豚を表情ひとつ変えずポイポイとゴミ袋に入れていったりする。毎日の仕事だから、泣いていたらきりがない。どこかで割り切らないといけない。けれど、それは決して「愛情がない」ということではない。さまざまな制限のある経営環境の中で、家畜が最大限に幸福を得られるように、多くの生産者は頑張っている。さちとの時間の中で、僕にはそれがよくわかった。

「さて、行こうか」と、家畜運搬車のエンジンがかかる。その後ろから杉澤くんの車でついていく。じつは当初、屠畜に立ち会うつもりでいた。やはりさちの命をいただく瞬間は、立ち会う義務があるのではないかと考えたのだ。正直、そう強がりはしていたものの、怖くて仕方がなかった。

　しかし、幸か不幸か屠畜施設の規定で立ち会いが許されていないとのことだった。「それは残念だ」と言いつつ、正直なところホッと胸をなで下ろす僕がいた。もし立ち会っていたら、さちが命を失う瞬間に卒倒してしまうことだろう。その後、さまざまな屠畜場で牛の命をもらう瞬間を見てきたのだが、やはりさちの最期は見なくてよかった、と今でも思っている。

　屠畜場には家畜を繋いでおく係留所があり、すでに他の生産者から出荷された牛が数頭いる。そこにさちを連れて行って繋ぐ。本当にここでお別れだ。さちはここで一晩過ごし、屠畜される。繋がれたさちはもうあまり興奮はしていないようだったけれど、少し目が赤い。牛はとてもデリケートで、環境の変化に敏感な生き物だと僕は教わった。自分が慣れていない状況に身を置くことを嫌う動物なので、こんなふうに車に揺られ、知らない場所に係留されると不安だろう。

　彼女の額に手を触れると、温かさにハッとした。牛の体温は人間の体温とそう変わらない。最後の最後に、彼女の生をしっかりと感じた。そのぬくもりは今でも思い出すことができる。「だいじょうぶ、安心してな」とつぶやきながら背中を強めにさすってやる。この体温が明日にはなくなるのだ。「さち、ごめんな」と心でつぶやいて係留所を後にした。けれどもその後、「〝ごめん〟じゃない、〝ありがとう〟だな」と思い直した。この別れも含めて、さちが僕に見せてくれた世界はとても特別なものだったのだ——。

その翌日、さちは牛から牛肉になった。

人気部位しか売れない問題

実際のところ、さちの死を嘆いている暇はなかった。通常、肥育農家が出荷した肉牛は、市場流通に乗り、生産者の知らないところで売買されるが、僕は肉を全て引き取って自分で売ることに決めていた。さち一頭の皮や内臓を抜いた、いわゆる「枝肉」の状態でなんと450kg。骨を抜いて部分肉と呼ばれるパーツに分けると総計300kg程度になる。どんなに頑張っても通常は一人で1kgも牛肉を食べることはできない。仮に一人がたらふく肉を食べて満腹になる量が500g程度とすると、600人ものお腹を満たせる分量があるのだ。これを僕は自分で売らなければならない。「ひゃあ、大丈夫かな」と、ちょっと気が重くなってきた。ざっくりと、半頭分は焼き肉用のスライスにして一般消費者に通信販売をし、残る半頭分は飲食店に販売しようと考えた。

肉好きならご存じだろうが、牛の肉は部位によって性質が違い、ステーキや焼き肉に向く軟らかでジューシーな部位もあれば、焼いただけでは食べにくい硬い部位もある。どの部位も特有の美味しさがあるけれど、頼まなくても売れていくのは、サーロインやヒレ、ランプといった、飲食店が使いやすい部位だけだ。

知り合いの料理人たちに連絡をすると、やはりステーキに向くリブロースやサーロインにヒレ、ローストビーフなどに向くイチボやランプといったモモ肉は、「買うよ、買うよ」とすぐに言ってもらえた。しかし、それらを足し合わせても75kg程度にしかならず、見向きもされない225kgが残ってしまう。計100kg近くなるバラや30kg程度のウデ、10kg程度のスネ、20kgの外モモ、そして30kgもある肩ロースはなかなか売りにくかった。

この「人気部位しか売れない問題」は肉牛の仕事をしていると必ずぶち当たる。ホテルやレストランではサーロインステーキやヒレステーキをメインに出すのが定番だ。ウエディングの披露宴で「ネック肉の煮込み」や「ブリスケのロースト」といった渋い部位が出てくるなんて聞いたことがないだろう。不名誉にも「不需要部位」と名付けられるこれらの部位も、料理法によってはとても美味しく食べることができる。

例えば、ネックは首なのでよく動かす部位だから、ゼラチン質が豊富で、煮込みにすると非常に美味しい。赤身部位であるブリスケを塩漬けにして煮上げたコーンドビーフは、ヨーロッパでは定番のコールドミートとして楽しまれる。つまり、きちんと部位にあった料理の腕を持っていて、それを商品として出せるお客がついた飲食店と直接的な関係があれば、買ってもらえる。幸いなことに、僕のブログや連載記事を読んだ料理人からの引き合いもあって、不人気部位もだんだんと売れていった。

一方、ロースやヒレといった人気部位を抜いた後の半頭分は、部位をミックスしてスライスし、焼き肉セットにすることにした。肉の加工は、地元の二戸市でその名も「短角亭」という焼き肉屋も経営する「山長ミート」が担当してくれた。じつは短角牛の肥育農家である漆原さんが育てた牛の全頭を、この山長ミートが買い取っている。まさに短角牛のスペシャリストといえる精肉店なのだ。

「ネックやスネなどの硬い部位は、バラ肉の脂身などを混ぜてミンチにして添えれば、ハンバーグを作れるから喜ばれるよ」

と教えてくれた。そこで、およそ900gの焼き肉用スライスに150g程度のミンチを添えて、約1kgのセットを作ることにした。加工した結果、100セット強を作れて、さちの肉ができるまでの経過を逐一書いてきた僕自身のブログ「やまけんの出張食い倒れ日記」で販売を呼びかけた。読者の関心も高かったのだろう、3日間ほどで売り切れた。これで300kgの肉の行き先が全て決まったと、ホッと安心したのである。

「ヤバい美味しさですよ」

さちの肉は、料理人や消費者に販売するだけではなくて、信頼できるシェフに料理してもらい、みんなと一緒に食べるイベントも実施したいと思っていた。そこで、仲良くしているレストランで「さちの肉を食べる会」を企画した。店は当時、行列ができる人気店として名を馳せていた「東京バルバリ」である（この店は２０１４年に、ビルの再開発のため惜しまれつつ閉店したが、シェフは近隣の八丁堀に「シュングルマン」という店を立ち上げた）。帝国ホテルで修業し、フレンチとイタリアン双方で腕を磨いた小池俊一郎シェフに、さちのほぼ全部位を使ったコース料理をやってくれと、無茶なお願いをしたのだ。

「わかりました、一から全部、自分たちで仕込んだ、最高のコースをやりましょう！」と侠気溢れる小池シェフは、１週間前から仕込みを開始してくれた。インターネットで申し込みを募ると、36人の席数に対し１００人以上が申し込んできたため、あわてて抽選することとなった。

小池シェフに「満員になったよ！」と報告しに行くと、「ちょうどさちのサーロインが入荷しましたよ。一口食べてみたらどうですか？」という。なんと、屠畜して3週間、僕が初めて口にするさちの肉である。いいのだろうか、と震えた。

ここまで肉を販売することに腐心してきたが、3週間も経ってもさちの肉を口にしていなかったという事実を意外に思う人もいるかもしれない。なんでこんなに間が空いたのかというと、しっかり熟成したかったからだ。

牛は大型動物なので、屠畜したあと、死後硬直などが解けてからゆっくりとタンパク質が分解し、うま味成分であるアミノ酸が生成される。鶏肉は小型だから、さばいて数日以内に食べるのがよいとされ、豚は10日前後とされるが、体がケタ違いに大きい牛の場合は熟成に時間がかかる。ただ、僕は熟成をしっかりかけた肉が美味しいと思っているから、さちの肉は屠畜後、部分肉に分けて真空パックにした状態で3週間ほど冷蔵熟成をして発送したのである。

「やまけんさん、これはヤバい美味しさですよ。とにかくうま味が濃い！　繊維が密でしっかりして、それでいてジューシー。肉汁が口から滴りましたよ」

そう言って、「食べる会」で出すサーロインを焼いてくれた。焼く前のさちのサーロインは、サシは粗いものの程よく赤身と交雑しており、バランスの良い素性を感じさせるものだった。炭の熾火(おきび)を使って20分ほどかけて焼いてくれた肉が運ばれてくる。

ああ、これがさちの肉なんだ、と思いつつ口に運ぶ。瞬間、心の底から悦びを感じてしまった。何度も短角牛の肉を食べてきたけれども、ひいき目を全く抜きにしたとしても、これまでで一番美味しい肉ではないか！　香ばしく焼き上げた表面からは、3週間寝かせたことで生まれたであろう、牛肉らしい香りが立ちのぼる。噛めばしっとりとした肉質を感じつつ、うま味たっぷりの肉のジュースがジュッと染み出る。脂のくどさなど全くない、清々しくも色気があり、うま味たっぷりなステーキである。素晴らしい！

この瞬間、自分自身で驚いたのは美味しさを感じた時、笑顔になってしまったことだ。「さち、おまえは最高に美味しいよ！」と、なんだかとても嬉しくなったのである。さちの肉と対面したとき、あの可愛いかったさちの肉なのかと瞳に涙がにじんだ。でも、肉を口にした瞬間、その美味しさのおかげだろう、心が花開いたようにぽかぽかと幸せ一杯になったのだ。美味しいものは人を幸せにする。

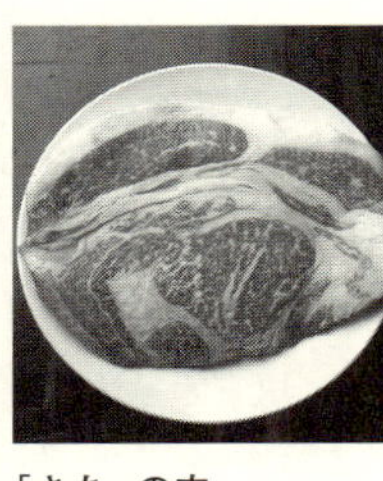
「さち」の肉

「さちの肉を食べる会」の夜、集まってくれた36人のお客さんに、さちが生まれて屠畜されるまでをお話しして、料理が始まった。小池シェフは、さちの精肉から内臓肉までも使った計12皿ものコース料理を出してくれた。コースの前菜に出てきたさちのモモ肉のタルタルは滋味溢れる美味しさで、あちらこちらのテーブルからため息が漏れるのが聞こえた。

「美味しい！　さち、君の美味しさが誇らしい！」

重苦しい気持ちはもう微塵もない。晴れ晴れとした感動が僕を包む。じっくりと寝かせてうま味を花開かせたさちの肉は、良い香りに深い味わいがし、噛むごとに美味しい汁を染み出させていたのだ。参加者もみんな、感動しながら少しも残さず、全部の皿をたいらげてくれた。

さちはある意味、幸せな牛だと思う。というのも、ありがたいことに「食べる会」は東京のみならず、京都でも開催されたからだ。短角牛や近江牛を一頭買いして産地を支えている焼き肉店「焼肉料理屋　南山」が、50人規模の「食べる会」を開催してくれた。さちの肉は参加してくれたお客さんから大好評をいただいた。

肉を買ってくれた飲食店からも、絶賛の声が次々と聞こえてくる。

たまたま僕が授かったさちの肉がそんなに美味しくて大絶賛なんて、できすぎた話だと思われるだろう。けれども、付き合いの長い料理人さんが今でも「さちの肉、旨かったなあ。また買えるものなら買って自分で食べたいよ」と言ってくれるのだ。

「はじめに」で紹介したピーター・ローベンハイムは自分の牛を肉にしないという選択肢をとった。彼に対して、今なら胸を張ってこう言うことができる。「僕は自分の牛を食べたけど、とても素晴らしい経験だったよ！」と。

収支——牛を一頭肉にすると利益はいくらか？

それではさちが生まれてからこうして食べるまでで、費用がいくらかかり、どれくらいの儲けが出たのかを公表したい。食に関心が高い人や料理人なら、牛肉の部位ごとの価格は知っているかもしれないが、一頭の牛が育って屠畜されるまでにいくらかかっているかは、ご存じないだろう。

さちの価格を考えるとき、それ以前にさちを生んでくれた母牛のひつじぐものことを考えねばならない。ひつじぐもを購入するのにかかったのは約28万円。彼女には、放牧中は一日120円、牛舎に下りてからは500円の餌代・世話代がかかっている。短角牛の繁殖メス牛はだいたい平均で6回は子供を産んでくれるので、彼女の維持にかかる費用を6頭分の子牛達にのせると、一頭につき約18万円となる。

これに加え、さちを肥育農家の漆原さんに預けた際の餌代と世話代に一日600円がかかっている。細かい部分は表にしたが、ざっくり言うと、さちが30ヵ月生きるのにかかったお金が約38万円である。これらの中には、牛の予防接種やワクチン代、細々とした維持管理費用も含まれているのだが、そうした部分は割愛する。

そして、屠畜と精肉加工にかかった経費が9万円程度。ここまでが原価だ。ただ、この原価に加えて、僕の活動コストと言える費用がかかっている。その分を最低でも30％程度は乗せなければ意味がないだろう。そうして出た金額は、さち一頭が約85万円で売れると、なんとかペイするのだ。

これに対して収入はどうだったか？　今回は半頭分を飲食店へ、もう半頭分を消費者向けの焼き肉セットにして販売した。飲食店向け販売で半身分を売り切れば、20万円程度は利益が出るように価格をつけたのだが、その見込みが甘かったことが判明する。いつも仕事で関わりを持つシェフたちに販売するのは気が引けてしまい、「安くするから使ってください」といい顔をして値引きしたりサービスしてしまったのだ。結果、売り上げがたったの24万円。20万円の利益など全く出なかった。

一方、消費者向けの販売として、１kgの焼き肉セットを７２００円（送料別）で１０８セット販売。加工代などを差し引いてだいたい65万円程度の利益となった。そして先の、東京バルバリでの「食べる会」。お店に料理・サービス代を支払った残りを収入として計上して約21万円だ。こうして収入金額から経費を差し引いた利益の合計は、25万８９４３円となった。

飲食店向けに安く売りすぎたときには「これは、赤字になるかもな……」と思っていたが、最終的には黒字となったので、ホッとした。と思った瞬間にハッとした。これまで何度も東京と二戸を往復した旅費や、肉を販売するために東奔西走したことを考えると、明らかにマイナス。牛一頭を自分で売るという行為をして感じたのは、「やっぱり牛一頭売るのは大変だ！」ということだったのである。この収支を見た精肉店の友人たちからは、みなふっふっふと笑いながら「どう？　肉を売るって大変でしょ」と肩を叩かれた。

この収支は大変勉強になり、その後の僕の牛の販売の際には、しっかりと利益の出る価格を設定することになった。消費者からすれば安いほどよいかもしれないが、利益が出なければ、美味しい肉をつくることなどできない。今回は自分が値段を決めたのだから文句は言えないが、もし取引先から強制的に価格を決められたとしたらどうだろう。おそらく僕でも、味のことなど考えずに肥育期間を短めにし、少しでも生産コストが低くなることを念頭に置いたと思う。

収入の部	(円)
飲食店向け販売	237,000
消費者向け販売	658,000
さちの肉を食べる会	214,000
合計	1,109,000

支出の部		(円)
原価	さちの世話代（30ヵ月分）	383,890
	親牛の経費の6分の1	180,000
	屠畜経費	90,000
活動コスト（原価の30％相当）		196,167
合計		850,057

収入－支出	258,943

適正な価格でものを売ることは、産業の持続性を守るための正当な手段なのだ。消費者が美味しいものを食べたいと願うなら、生産や流通で発生するコストに加え、関わる人達の生活を支えられるお金を支払わなければならない。いままで理屈としてはわかっていたことを、身をもって知ったのである。

牛を飼うことで、僕の牛肉に対する気持ちには大きな変化があった。それは、肉や脂の色、きめの細かさ、風味や硬さを味わうことで、この肉となった牛が生前、どのような生き方をしたんだろうかと思いを馳せられるようになったことだ。牛に仲間意識を感じるというか、身内をいただいているような変な気がする。だってあんなに大きな生き物が、僕たち人間に命を与えてくれるのだもの。ありがたくいただかなければならない。

牛肉は「牛の肉」なのだ。豚肉も「豚の肉」、鶏肉だって「鶏の肉」。あらゆる命に感謝して、その尊いお肉を美味しくいただかなければならないのである。

補足

短角牛の世話代などは、すべて2007年時点の金額であり、執筆時点の2017年の実質的な価格とは大きな開きがあることをご理解いただきたい。2012年頃から和牛の子牛が不足し、単価は1・5倍〜2倍に跳ね上がった。あの頃からは考えられないくらいの変化だ。

また、二戸市浄法寺地区の大清水牧野で行われていた短角牛オーナー制度は、諸般の事情からすでに廃止となった。僕の短角牛は個人農家にお願いして面倒を見ていただいている。

牧野組合の皆さんが受け入れてくれなければこの貴重な体験はできなかった。関係者の皆さまにここで御礼を申し上げたい。ありがとうございました。

第4章

美味しい牛肉をめぐって
～日本の「あかうし」篇

僕はもともと、青果物つまり野菜や果物の流通にコンサルタントとして関わり、またその記事を書いたりするジャーナリストとしての仕事をしていたわけだが、短角牛の「ひつじぐも」や、彼女が産んだ子牛たちを所有することで、牛に関する仕事が占める割合がだんだんと増えていった。そうした仕事は僕が短角牛を所有し、そこで得られた知見をブログや連載記事などで発表したことに端を発している。

幸せなことに、僕は料理人が読む雑誌と、一般消費者が読む雑誌の双方に連載を持っている。特に前者で言えば、一流の料理人なら必ず読んでいる『専門料理』に連載を書いていた。この取材で、全国の牛を見てまわることができ、日本には実に多様な肉牛がいることがわかった。一般消費者が店頭で精肉のパッケージを見る限りでは、「黒毛和牛」か「国産牛」、またはオージービーフかアメリカ産ビーフかくらいしかわからない。数の面ではそれらが主流だから仕方がないが、実際にはもっと素晴らしい牛肉の世界がある。もちろんそこには素晴らしさだけではなく、ゆがみや問題もあるのだが——。

第4章と第5章では、僕が出会った各地の牛を紹介していこう。

熊本系と高知系の褐毛和種

第1章で解説したとおり、日本固有の肉用種である和牛には、4つの品種が存在する。

圧倒的多数の黒毛和牛に比べれば、残り3品種の頭数は2％以下だが、それは存在感がないということではない。というよりもむしろ、黒毛以外の和牛品種にこそ、際立った特色がある。

前章では短角牛という素晴らしき存在を紹介したが、和牛品種として短角牛よりも頭数が多いのが褐毛(あかげ)和種だ。チャーミングな明るい褐色の体毛から「あかうし」と呼ばれて愛されるこの品種には、**熊本系**と**高知系**の2系統が存在する。黒毛和牛やホルスタインのように全国的に知られる存在となった品種と違い、短角牛は東北、褐毛和種は九州と四国にそのルーツがあることから、**地方特定品種**と呼ばれている。

熊本系と高知系の2系統はどちらも褐色の毛を持つが、熊本系は在来種とシンメンタール種を掛け合わせたもの。一方、高知系のほうは朝鮮半島の在来種である朝鮮牛（韓牛とも呼ばれる）に由来する在来種とシンメンタール種の雑種をベースにしたものだ。「在来種」「シンメンタール」といった言葉がどちらにも出てくるので「同じようなものでしょ？」と思うかもしれないが、実際には中身は全く違う品種と考えていい。

頭数的には、熊本系が約2万頭に高知系が約2000頭と、熊本系が多数派である。熊本県内で飼育され、いくつかの条件を満たした褐毛和種のことを「くまもとあか牛」と呼ぶ。褐毛和種熊本系は熊本県だけではなく、徳島や遠い北海道などでも育てられている、わりとインターナショナル（？）な存在なのだが、以降は熊本での話題が多いので「くまもとあか牛」と称することにしたい。

くまもとあか牛との出会い

くまもとあか牛は、その名のごとく体毛は明るい褐色で、胴体が大きい。夏の緑が濃い阿蘇山をドライブすると、見渡す限りの牧草地を茶色の点々がゆったりと動くのが見える。阿蘇の有名な景勝地である草千里（くさせんり）のパンフレットなどで、緑の草原に褐色のあか牛が悠々と放牧されている風景写真を見た人も多いだろう。阿蘇の代表的な風物詩とも言えるのが、あか牛の放牧風景なのである。

くまもとあか牛は、明治よりはるか以前から土着していた朝鮮系の色が濃い農耕用の使役牛に、海外から導入されたシンメンタール種を掛け合わせて成立した。シンメンタールはスイスで生まれた品種で、山間部での放牧に向き、草などの粗飼料だけでも大きく育ってくれることから、掛け合わせの品種として好まれたのだろう。阿蘇のような大いなる牧草地帯を持つ熊本県にふさわしい地方特定品種といえる。

僕がくまもとあか牛に触れたきっかけは、生産者である那須眞理子さんとの出会いだ。あるとき、「全国モーモー母ちゃんの集い」なるイベントに講師として呼んでいただいた。この集いは、全国の肉牛や酪農に携わる生産者の女性たち自身が立ちあげたネットワーク組織である。僕が短角牛を初めとする赤身の多い牛肉品種をもっと使おうと料理人に呼びかけ、実際の成果も出てきていたことで、「その状況を報告せよ」と呼んでいただいたのだ。赤身肉に注目が集まる時代がもうすぐ来るだろう、ということを話し終わると、やたらと元気で早口なお母さんが話しかけてきた。

「あなた、いいこと言うわね！　あたしの家は熊本であか牛を育ててるから、ぜひ遊びに来てちょうだい！」

この方こそ、牛飼いの間では全国的に有名な、あか牛生産農家であり、「くまもとモーモーレディースの会」の会長でもある那須眞理子さんだった。ぜひ行かせていただきます、と熊本に向かったのである。

快晴の熊本空港に降り立ち、滑走路のすぐ横にある家畜市場へと向かう。ちょうど、くまもとあか牛の子牛のセリが開催されている日だったのだ。家畜市場では、上場頭数が多いこともあってか、曜日などで上場する牛の種類が分けられていることがある。

バックヤードに行くと、上場前のあか牛が数十頭繋がれていた。明るい褐色の体毛を持つあか牛は、これまで何度も視察した黒毛和牛市場の光景に比べてとても可愛い。子牛を見た後、すり鉢状の劇場のような空間に入る。もちろんすり鉢の底部は牛が出てくるステージで、これを見下ろすようにセリに参加する肥育農家たちが、自分の希望金額を入力する電卓のような機械のついた卓に座る。

彼らが鋭い視線を投げかける中、子牛が綱で引かれて出てくる。このとき重要なのは、セリ場で最も目を引く場所にある電光掲示板だ。出てきた牛の父・母の名前と、日齢と体重が表示される。買う人が見るのはまず、血統。肉質のよい父方・母方から生まれる牛は当然ながら良い肉質になることが多い。

そして血統と同じくらいに重要なのが、増体という指標だ。畜産で重要なのは、食べた餌を効率よく肉や乳、卵に換えてくれること。肉牛の場合、体重を日齢で割った数字、つまり平均で一日どれくらい体重が増える能力を持っているかを見極めるのだ。

僕のような素人には、出品される牛の違いが見た目からはわからないのに、驚くほど値段がバラバラにつく。肥育農家からすれば、子牛の購入代金と日々の餌代が二大コストとなっているので、いかに増体のいい子牛を適正な価格で買うかが経営を左右する。プロが経験を活かして目利きする、とても厳しい世界なのだ。

あか牛は気性がやさしい

家畜市場の見学の後、1時間ほどかけて阿蘇の山道を車で上り、「跡ヶ瀬(あとせ)牧野組合」の牧野へと向かった。短角牛と同じようにくまもとあか牛も、繁殖用のメス牛と子牛は山の上を切り拓いて草原にした牧野に放たれる。褐毛和種も短角牛と同様に、草を食べて体を作ってくれる牛だ。熊本は温暖な気候なので、一年中放牧することも可能だ。岩手県の冬は豪雪になり、4月以降になって積もった雪が溶けるまで放牧できない。これは大きな違いで、うらやましい!

さて、牧野に着くと、牛たちは丘陵の500mほど向こうにいた。牧野組合の方が、「ちょっと呼んできます」と言って歩いていく。すると、豆粒ほどで遠くに見えていたあか牛たちが、ドッドッドッと歩いてくる。これが意外に速い! 僕はカメラを持っていたのだが、その速さに驚いて数枚しかシャッターを切ることができないうちに、牛たちは僕たちを避けて反対側の山へと歩みを進めていくのであった。

「あか牛はね、本当にやさしい気性で、飼いやすいんですよ」

そう牧野組合の方が言うように、どの牛も温和だ。よく聞くのは、「黒毛とホルスタインは気性が荒い」。そういえばジャージーやブラウンスイスは人懐っこいけれども、黒毛とホルスタインは、見向きもせず無愛想なことがある。その点、あか牛は自分から近寄ってくることはないけれど、激しく逃げたり、必要以上に無愛想だったりはしない。

牧野を下りた後は、熊本県畜産農業協同組合連合会が営むレストラン「カウベル」へ向かった。カウベルの1階は精肉店になっていて、誰でもあか牛の肉を買える。そこのロースは、格付けA4のとっても立派な断面！　でも、実は第一印象は「黒毛に近いなぁ……」というものだった。サシの入り方が黒毛和種を追っているような感じがしたのだ。褐毛和種の良さは、牧草などの粗飼料で育ってくれることだったはず。輸入コーン中心の配合飼料をたくさん与えることでサシを入れては、あか牛らしさは発揮できないような気もする。僕はもっと赤身中心のあか牛を食べたいな……と思ってしまった。

嬉しいことに、カウベルの精肉売場には、A3以下であろう赤身度の高い肉も並んでいた。食べるなら僕はこっちだな。やはりお店の人も来客には「いい肉を見せよう」と思うのだろう。そしてその「いい肉」の基準はサシというのも仕方のないことだ。

肉汁が溢れるダイナミズム

さていよいよ食事だ。カウベルの2階では、サーロインやモモ肉をステーキで食べることができる。どうせならということで、さまざまな部位のステーキを注文した。極上のサーロインステーキを頼むと、きっと先ほど見たようなサシのたっぷり入った肉が出てきてしまうだろうから、少し下のランクの肉を頼んでおく。

運ばれてきた、鉄板でジュージュー音を立てる肉を頬張る。うん、しつこい脂っけはない！　口どけのよい、柔らかな脂質がありながら、赤身には黒毛和牛がもつ独特のクセはなく、実に素直な味だ。そして、いろんな部位を食べた中で最も気に入ったのがモモ肉。おそらくランプあたりの部位だろうが、これぞ赤身というサッパリ感に、十分なうま味と香りを感じるものだった。

聞けば、一般の小売りでもモモ肉のほうが人気があるそうだが、それも納得だ。このモモ肉に人気があるなら、熊本の消費者もサシ重視ではないということではないだろうか。適度な噛みごたえと、脂ではなく肉汁がジュッと溢れるダイナミズム――。これを味わってようやく、きちんと褐毛和種に会えたという実感が湧いた。

旅程の最後に、那須眞理子さんを、菊池郡菊陽（きくよう）町に訪ねた。ご夫婦仲良く作業する牛舎に入ると、木の柱で区切られた牛房（枡）の中に、黒毛和種と褐毛和種がこちらも仲良く飼われている。ただ、あか牛の頭数は黒毛が10とすると1くらいの割合だから、あか牛はちょっと居心地が悪そうだ。

「本当はあか牛だけを育てたい。だけど、今の市場の評価のあり方だと、あか牛はどうしても黒毛並みの値段はつかないんです。でもね、あか牛には黒毛にはない持ち味がある。市場がそれを認める仕組みにならなければ、あか牛はいつかなくなっちゃうわ！」

と眞理子さんは言う。黒毛和牛のサシばかりが評価される仕組みだと、あか牛を生産することは叶わなくなってしまうかもしれない。
褐毛和種は、〝赤身品種連合〟の強力なエースである。その価値に見合った価格がつくように、消費者や料理人が買う世界をつくる必要があると思ったのであった。

山のあか牛、里のあか牛

くまもとあか牛と眞理子さんに出会って後、何回かあか牛の肉を取り寄せて食べる機会をつくってみた。ただやはり、産地の人が「サシの入ったよいものを」と思うのか、A4クラスのあか牛が送られてくることが多い。かと思えば、赤身中心の「これぞあか牛！」と満足できる肉に出会うこともある。そのばらつきは何に起因するのだろうか？

この日本で牛を放牧させることができる面積はそれほど広くない。というのは、放牧のためには一頭あたり最低でも1haの面積が必要で、しかも豊かな牧草が生えるよい環境でなければならないからだ。しかし、熊本には、なんといっても阿蘇がある。阿蘇山とその周辺には豊かな土質の山間部が広がっており、放牧に適した草が生えてくれる。しかも、北海道や東北とは違って、雪に埋もれてしまうこともない。一年中放牧するということも不可能ではないらしい。そういう環境だから、阿蘇周辺のあか牛生産者は、子牛が生まれると母牛と一緒に放牧に出し、子牛市場に出荷するまでのおよそ半年間を、母牛の乳と草のみで育てる。

放牧経験があると、その後を牛舎で育てても、肉質によい影響が出るという研究結果がある。そんな科学的な話以上に、様々な肉を食べてきた経験から言っても、放牧経験を持つあか牛のほうが美味しいし、牧草などの粗飼料を多給された牛ほど、くまもとあか牛らしい味がすると思う。やはりそのルーツからも、阿蘇の草を食べて育つのがあか牛の正道だと思うのだ。

対して、阿蘇から離れた平地の多い地域は、農業に有利な地形ではあるものの、牛を放牧するような余分の土地を持たない。肥育段階では、黒毛和牛と同じように（または一緒に）牛舎の中に入れ、穀物飼料をたっぷり与えて育てることになる。そうして育ったくまもとあか牛の肉は、立派なサシが入って格付け上は有利になるが、あか牛らしい味わいとは少し離れてくるような気がする。過度にリッチで、これなら黒毛和牛と違いがないと思うような肉に出会うことも多い。

じつを言うと、東京のフレンチなどの料理人たちは「熊本のあか牛を使っていたんだけど、ばらつきが大きくてね。赤身を期待しているのに、サシがビッシリ入ったのが来るときもあるんだよ」と異口同音に呟いていた。そのばらつきは、おそらく地域と飼い方に由来するものではないかと考えている。

そこで仮説として立てたのが、くまもとあか牛には放牧経験があり、粗飼料中心で育てた「山のあか牛」と、放牧経験をもたず、濃厚飼料中心で育てた「里のあか牛」があるのではないかということだ。どちらもそれぞれの良さがあるのだが、本来的な味と言えるのは山のあか牛のほうだろう。だから僕は、くまもとあか牛を売っている店に行くと、パッケージに表示してある10ケタの個体識別番号をスマホで調べる（第2章参照）。すると、そのあか牛がどこで生まれ、どこで育ったかを見ることができる。阿蘇や南阿蘇で育っていれば、僕好みの肉である可能性が少しは高いので、喜んで買うという算段だ。

牧草以外の原料も熊本県産がほとんど

そんな中、国産の粗飼料であか牛を育てる、仙人のような人がいることを耳にする。それが阿蘇の産山（うぶやま）村で、繁殖〜肥育を一貫して手がける井信行（いのぶゆき）さんだ。県の畜産担当者に「ぜひ見学したい！」とお願いをして、足を運んだ。

熊本県阿蘇郡産山村は、人口およそ1500人の小さな村だ（この村には「井さん」がとても多いので、下の名前で呼ばなければならない）。美しい水がこんこんと湧く水源があり、寒暖の差も大きい産山村のお米はもちろん絶品だ。この産山村へとつづく阿蘇山への道を緑が濃い時期にドライブすると、見渡す限りの牧草地に茶色の点々がゆったりと動くのが見える。これこそがあか牛の放牧風景だ。

雄大な景色から、家が並ぶ産山村に入り、信行さんの牛舎へ。信行さんがニコニコしながら僕たちを出迎えてくださった。

おそらく一から自分たちで建てたであろう木造の牛舎には、肥育段階に入ったくまもとあか牛たちがいた。黒毛和牛の群れにポツリポツリとあか牛がいるというのではなく、すべてあか牛たちである。しかも面積にはだいぶ余裕があり、牛がストレスを感じないようにゆったり育てていることが分かる。

粗飼料中心で育てているらしいので、正直なところ、さぞかし痩せた牛ばかりではないかと思っていた。しかしそんなことは全くなく、月齢別の部屋の一番奥、出荷が近い牛たちは丸々と太っていた。

「うちは、国産１００％の餌で育てようと頑張ってます。ただ１００％はなかなか大変だから、国産70％とかも取り混ぜながら、できる範囲でやってます。今年は10頭が国産１００％で育てられるかな、という感じです。でもね、あか牛はいい牧草があればちゃんと肉になってくれるんです！　とてもありがたい牛なんですよ」

そういう、信行さんの姿自体が、僕にとっては神々しかった。信行さんが言うとおり、阿蘇では広大な土地で牧草栽培が可能なので、イタリアンライグラスなど栄養価の高い粗飼料を低コストで手に入れられる。これに、大麦・小麦にフスマ、飼料米に米ヌカ、大豆やおからなどを合わせて給餌することで、国産飼料100％を実現するのだ。

ただ、粗飼料中心と言いつつも、大麦や小麦に大豆など、いわゆる濃厚飼料の原料となる穀物類が多いと感じられるかもしれない。たしかに種類でいうとそうなのだが、給餌割合からすると粗飼料の占める量が、黒毛和牛などに比べ圧倒的に多くなっている。

また、A5の黒毛和牛に必須である輸入トウモロコシは一切使用されていない。牧草以外の原料も阿蘇、または熊本県産のものがほとんどだ。だから信行さんのくまもとあか牛こそ、「山のあか牛」の正道だと言っていいと思う。

リッチでコクのある味わい

ではそんな信行さんの育てたあか牛はどんな味がするのか。貴重な国産飼料100％のあか牛のサーロインを、表参道の大人気フレンチ「ランベリー」（現在は広尾へ移転）の岸本直人シェフに焼いてもらった。下準備のために肉を早めに届けていたのだが、岸本シェフから驚きの声で電話がかかってきた。

「なんなんですかこの牛は!?　今まで食べたくまもとあか牛の中で、ぶっちぎりに美味しいですよ！　これ、うちで使いたいです！」

ほっと胸をなで下ろしながら、国産１００％は年に数頭しか出ないよと告げると、さっそく信行さんに連絡して肉を確保していた。牧草などの粗飼料中心というと、アッサリしているだけの肉を想像されるかもしれないが、それは違う。理想的な環境で育った栄養豊かな牧草は、肉の味わいをとてもリッチにしてくれるのだ。信行さんのあか牛は、うま味溢れる赤身の味わいだけではなく、しっかりコクを感じさせる脂の旨さを持っている。

しかもその脂は、牧草多給のおかげだろう、存在感を見せつけながら、スーッと引いていく。くどさなど全くない、心の底から美味しいと思える肉。これだ、これこそがくまもとあか牛の味わいだと実感したのである。

２０１６年の夏、日本を代表する料理学校である辻調グループが設立した辻静雄食文化賞の第７回贈賞式が、東京で開催された。その受賞者こそ、井信行さんである。この選考過程で、選考委員に頼まれて、信行さんが行う畜産について説明をした。どうなるだろうかと思ったのだが、結果的には満場一致で信行さんが選出されたそうだ。スーツを着て壇上に上がり、いつも通りニコニコとお話をされる信行さんが、こんなことをおっしゃった。

「私のあか牛の育て方だとA２になってしまいます。それもいいし、黒毛和牛のサシのたくさん入った、とろりととろけるお肉も美味しいです。両方あってよいんです」

うん、その通りだ、両方あってよいのだよな、と教えられる思いがしたのである。

土佐あかうしとの予期せぬ出会い

２００８年、僕は高知県に講演で呼ばれていた。

高知にはひまわり乳業というユニークな乳業会社がある。とても質の良い低温殺菌牛乳を販売するだけではなく、牛を牛舎ではなく山に放牧させて乳を搾る「山地酪農（やまち）」の牛乳製品を世に出している。またこれも全国的に珍しい、一人の生産者が出荷する生乳でつくる牛乳製品は同社の看板商品のようにもなっている（パッケージには生産者が大々的に顔を出した）。その社長を務める吉澤文治郎さんとは、ずいぶん昔から仲良くさせてもらい、「ブンさん」と呼んでいる。そのブンさんから依頼が来たのだ。

「高知の各界の人が集まる異業種交流会で講演してくれないか。紹介したい人もおるし」

当日、日本の食が直面する問題と、今後どのようにしていくべきかという話をする中で、短角牛に関する取り組みを織り交ぜた。その頃すでに僕は短角牛を料理人や一般消費者にＰＲする取り組みをしていたので、その成果や可能性について話したのである。

その講演中、最前列で眼をらんらんと光らせて聴く、僕と同世代に見える二人組がいた。講演後、ブンさんが紹介してくれたのはやはりその二人だった。

「やまけん、この二人は高知県庁の畜産課に勤めててね。高知県の畜産もいろんな問題を抱えてるから、やまけんの話を聴きにおいでって呼んだんだ」

公文喜一さんと山﨑竜二さんというその二人は、高知県で育種された地鶏や肉牛の担当だという。県で開発してみたはいいけれど、なかなか販路が増えず困っているということだろうなと思ったら、案の定そうだった。

鶏や豚、牛といった家畜の品種を開発したり、餌などを工夫してブランド化したりという取り組みは、都道府県の企画として実施されることが多い。ところが、その多くが産地側の「こんなのをつくったら売れるだろう」という勝手な思い込みによるもので、流通や消費者側の都合を無視していることが多いため、世に出てもちっとも売れないということが多々あるのだ。高知県ではその頃、新たに開発した鶏肉の販路拡大と、褐毛和種高知系の価格低迷に手を焼いているとのことだった。

「ぜひ一度、見に来ていただけませんか？」

と頼まれ、しばらく後に再度、高知龍馬空港に降り立った。

先にも書いたが、褐毛和種には熊本系と高知系の2系統が存在する。どちらも褐色の毛を持つが、中身は全く違う品種である。もともと高知県では、農耕用に九州から入ってきた朝鮮牛系の牛を使っていた。高知の気候では米を二期作できるため、牛が活躍するシーンが多かったのだが、二期作できるほどだから暑い。その暑さに耐えることができる牛でなければならない。

また高知県は全面積の83％が森林であり、しかも急峻な土地が多いため、あまり大型な牛ではとりまわしが危険だ。そういうこともあって、小型で温厚、人を嫌がらない性格の在来牛が大事に扱われていたそうだ。

その後、トラクターなどの農機具が一般的になると、役牛ではなく肉牛としての利用を推進することになる。ただ、高知では熊本のようにシンメンタール種を交配したものは好まれず、在来種の血統が色濃く残るように改良された。そして１９４４（昭和19）年に褐毛和種の高知系として品種が成立したのである。

「褐毛和種高知系」という呼称は消費者が覚えにくいこともあり、地元では「土佐あかうし」と呼ばれている。「くまもとあか牛」のほうは「牛」を漢字で書くのに対して、こちらは「あかうし」と平仮名になり、逆に地名の「土佐」が漢字になっているあたり、ライバル意識なのかなとニヤリとしてしまう。

独特の模様「毛分け」

正直言って当時、この土佐あかうしに関して、僕はノーマークだった。「褐毛和種といえば熊本だろう？」と思っていたのだ（頭数も熊本を10とすると高知は1程度で、数的にもマイナーだった）。ところが畜産試験場に行ってびっくりすることになる。急峻な斜面で放牧されている母牛たちは、ゆったりと草を食んでいる。その姿は、僕が所有する短角牛「さち」や「国産丸」よりも断然カワイイ……。

「土佐あかうしはその愛らしさが最大の特徴といってもいいんですよ！」

公文さんが我が意を得たりというように声を上げる。土佐あかうしはその外見にハッキリした特徴を持っていて、最大の特徴が「毛分け」という、体毛に出る独特の模様だ。牛はその血統によって、目や鼻の周りや尾、足の先などの体毛が黒くなることがある。土佐あかうしはわざとそうした「毛分け」が強い品種同士を掛け合わせてきたようで、ほぼ必ずといっていいほど毛分けが出るようになっている。筋骨隆々の種雄牛の顔を見ると、鼻や目の周りが黒い。泥棒が出てくるときに、口や目の周りが黒く塗られるデフォルメ表現をされることがマンガなどであるが、あんな感じなのだ。

若い子牛やメス牛はその毛分けもおとなしくて、特に目の周りはアイシャドウを塗ったようになり、とても愛らしい見た目になる。この特徴があるせいか、まだ若いあかうしを見た女性は必ず「カワイイ〜！」と声を上げて夢中になってしまうのだ。

「土佐あかうしはカワイイから飼い続けるという農家さんも多いんです。あかうしに比べて黒毛は可愛くないし、気性も荒いから好かんっていうんですよ」と公文さんは言う。

「夜は高知県の畜産物を食べていただきましょう」ということで、地域の食材を料理してくれる料理居酒屋で試食兼宴会となった。

まず、くだんの高知県が開発したというブランド鶏の料理をいただいた。が、これが実に中途半端で特徴のない鶏肉で困ってしまった。商品開発は難しい。特徴を出さねば埋もれてしまうが、特徴が際立ち過ぎているとマニアックな層にしか受けない。そこで広く一般に受け入れられるような方向に舵を切ると、結局凡庸な味のものになってしまいがちだ。このブランド鶏肉はまさに「いろいろ考えすぎた結果、凡庸な味わいになってしまった」というケースだった。

こういうときに僕は正直な評価を伝えることにしている。担当の山﨑さんを「やっぱりそうですよね……」とうなだれさせてしまった。

ああ、場が重くなってしまったなと思ったとき、土佐あかうしのロースとタンの炭火焼きが運ばれてきた。

実に美味しいのである！　程よいサシの入った肉は脂を感じるのだが、黒毛和牛肉のように長く残るのではなく、サッと引いていく。その後から赤身肉の良い香りが鼻を抜ける。赤身の香りといっても、短角牛のような赤身主体の肉質とも違うのだ。黒毛と短角の

絶妙な火入れのロース肉を口に運ぶと――驚愕した。

中間のような肉質でありながら、全くオリジナルな味と香りの肉だ。

「旨い！　これは美味しい肉ですよ……土佐あかうし、興味が湧きましたね！」

と唸ると、山﨑さんも公文さんもパッと顔が明るくなった。

「あかうしはいけますか⁉　そうですか、それはよかった！」

この出会いからほどなくして二人から連絡があり、高知県のスーパーバイザーに就任して、主に畜産分野で仕事をしてほしいという依頼をいただいた。これは受けるしかない。

こうして僕と土佐あかうしの熱い関係が始まった。


ちなみに、土佐あかうしを見ることができる意外なスポットがある。それは高知龍馬空港のロータリーを出てすぐにある、高知大学農林海洋科学部の実験放牧場だ。牧草がある季節の晴れた日は、うまくすれば40頭程度の土佐あかうしの一群が放牧されている光景が見えるのだ。


高知大の先生にお願いして中を見学させてもらったところ、好奇心旺盛なメス牛がさっそく寄ってきて、僕の持っているカメラの先をベロンと舐める。うーん、カワイイ。

「子を産んだばかりの母牛は気が張り詰めていて、人が入ってくると怒ることもあります。でも、それ以外の季節だとのんびりしたものですね」（松川和嗣（かずつぐ）先生）

熊本系（左）と高知系（右）の違いを見よう

皆さんも、高知龍馬空港に降りたって時間に余裕があるならば、徒歩10分とかからないので、外周道路から放牧を見学するというのもいいかもしれない。[*1]

美味しさで評価され、最も高値で売れていた

さて実は、A5を頂点とする格付けが導入されていない昭和30年代には、土佐あかうしが最も高値で売れていたという。その話を教えてくれたのは、土佐あかうしの聖地ともいえる嶺北（れいほく）地方で昔からあかうしを販売し続けてきた、れいほく畜産の中町幸蔵専務だ。

「1960年前後、全国の子牛市場で最も高い値をつけたのが土佐のあかうしだったんです。サシや歩留まりという現在の格付けがまだなかった頃ですから、純粋に食べて美味しいかどうかということで判断されていたのではないでしょうか」

その頃なら、おそらくビタミンコントロールの技術などなく、無理してサシを入れることもしていなかっただろう。餌だっていまほどに安定供給されていなかったはずだ。そうなれば、肉牛としてのポテンシャルが重要であったに違いない。土佐あかうしは昔ながらの育て方をする中では最強の牛だったということだろう。

この発言を裏付けるような話を実際に聞いたことがある。京都の和食料理人たちの集まる芽生会という勉強会で牛肉の話をしてほしいと呼ばれたときのことだ。そこでは数種の肉の食べ比べも行ったので、肉焼きの練度の高い会員さんが創作料理を出してくれた。

その一人である「銀水」の山岸裕明さんが、昔を懐かしみながら言うのだ。

「そうそう僕が子供の頃はね、高知のあかうしが一番うまいんや、って京都でも人気でしたわ。その頃は但馬の牛よりも高かったんと違いますか？」

ああ、やっぱりそうだったのか、となんとも誇らしい気持ちになったのである。

土佐あかうしの肉の特徴はなにかというと、脂の旨さも赤身の旨さも味わえるということだと思う。土佐あかうしは短角牛などの赤身肉の強い品種と少し違い、サシが入りやすい。ただ、黒毛和牛に比べてそのサシが細やかな「小ザシ」であることが多く、くどさがあまり感じられない。口内でサラッと溶ける脂質なのだ。

＊1　必ず放牧されているとは限りませんので、悪しからず。また当たり前ですが、許可なく敷地内に入ってはいけません。

だから、口に入れるとまず脂を感じることで脳が喜び、美味しい信号を感知する。そして脂が加熱されたことで生じる香りが鼻を抜けることで、また美味しい信号が増強される。その脂は舌を潤した後、すみやかに口溶けして消えてくれるので、赤身肉の部分が持っているお肉の風味が湧き上がってくる。つまり、サシの良さと赤身の美味しさが両立しているのだ。この、サシの口溶けの良さに関しては科学的にも立証されている。

「土佐あかうしは他の牛と違って、脂肪融点の低さに影響を与える不飽和脂肪酸が多くなる遺伝子を持っています。黒毛和牛と比べてサシの融点が低いという実験結果が有意に出ているんです」（県畜産課の公文さん）

適度に入った質の良いサシに口溶けの良さがあって、味わいのある赤身肉が組み合わせられれば、たっぷり食べても嫌気のささない牛肉になる。その昔、土佐あかうしが最も人気が高かったという理由がわかったような気がしたのだ。

土佐あかうしを世に広めるために

この頃、僕もさまざまな黒毛和牛や地方特定品種を食べる機会に恵まれていた。その中でやはり、土佐あかうしには特別な美味しさがあると感じていたのだが、実際には世間では全く評価されていなかった。

まず、この土佐あかうしが日本の肉牛全体の中に占める割合は、たったの0・7%（2013年）。頭数にして1720頭[*2]と、絶滅危惧種といっていいほどに減少していた。なぜそこまで減ったのかといえば価格だ。まだ牛肉ブームの前の段階ではあるものの、黒毛和牛の子牛の価格が40万円程度していた時代に、土佐あかうしの子牛価格は、去勢で20万円弱、メスだとなんと12万円程度と、黒毛和牛の半額以下だったのだ。

子牛を出荷する繁殖経営では、子牛を産んでくれる母牛をずっと飼い続けなければならない。子牛価格が20万円程度では、餌代などの経費を払うと、手元にはいくばくも残らない。これでは食べていけないということで、どんどん黒毛に換えていく農家が続出し、頭数が減ってしまったのだ。

でも、僕には確信のようなものがあった。土佐あかうしの肉はとても美味しいのに、多くの料理人はそれを識らない。ということは、むしろチャンスなのではないか……料理人にとって、あまり人に識られていない、美味しい食材を使えることはメリットでしかない。つまり、識ってもらう努力をしさえすれば、消費は伸びるはずだと思ったのだ。

すでにこの頃、短角牛の主産地である岩手県の要請で、料理人向けの短角牛試食会を僕

＊2　2013年の数字。県からのデータ。

の会社のコーディネートで開催しており、かなりの成果が出ていた。土佐あかうしでも同じように、料理人たちに働きかけてみればいいのではないかと考えたのだ。

彼らは、良いと思った食材は、単価が合えばメニューに掲載し、仕入れてくれる。メニューに記載したからには、ある程度は継続して使い続けてくれるはずだ。大きな川の流れに石をいくつか投げ込んだとしても、川の流れが大きく変わることはない。でも、川の流れに杭を打ちこめば、その場所の流れは確実に変わる。飲食店に扱ってもらうのは、杭を打ち込むことなのだ。そういうわけで、土佐あかうしの美味しさを発見し、継続的に扱ってくれる料理人を増やすべく活動することにした。

赤身肉に適度なうま味がある

年が明けた２０１０年某日、東京・赤坂のキッチンスタジオにて「土佐あかうしを食べる会」を開催した。フレンチ、イタリアン、日本料理の名店の料理人、そして料理マスコミ各社の編集関係者にお越しいただいた。腕をふるってくれたのは当時、横浜でイタリア料理を提供する「ヴィノテカサクラ」の料理長に就いていた榎本隆二シェフだ。

今回は、土佐あかうしが黒毛和牛の肉とどう違うのかを食べ比べした後、土佐あかうしの部位ごとの特性を知ってもらうため、部位別に料理した品々を食べていただくというもの。結果的にフルコースの提供となった。

料理については肉のみならず、付け合わせやソースの野菜・果物もすべて高知県産を使った。品数も多かったが、皆さんほとんど残さずに食べてくださった。土佐あかうしの味の特長として一番訴えたかったのは、「適度なサシの入り加減」と「脂のキレのよさ」。格付けでいうとA2かA3がメインになるが、脂は黒毛のものよりはるかに口溶けがよく、くどさが口に残らない。

そしてもう一つあかうしの特長として訴えたかったのは、「赤身肉に適度なうま味がある」ということ。赤身で勝負！　の短角牛ほどではないけれども、赤身肉特有の風味が濃く感じられる。つまり、サシの強さで勝負する黒毛、赤身肉のうま味で勝負する短角、サシと赤身がうまくバランスした土佐あかうし、というトライアングルをイメージすればよいのではないだろうか。

来場者アンケートには、「さっぱりした脂、赤身の淡泊さ、心地よい酸味」「勝手に赤身肉を想像していたが、適度にサシも入っているのでよい」「一般のお客には短角より受け入れやすいと思う」など、想定していた以上のコメントが寄せられた。個人的には、創業400年とも言われる日本料理店「瓢亭」の髙橋義弘さんが京都から来てくださったのが嬉しかった。牛肉は、現状では日本料理ではそれほど使用頻度の高い食材ではないように思う。けれども、高橋さんはこう話してくれた。

「伝統的な日本料理の世界では牛肉はあまりなじみのない食材でしたが、外国人のお客様も増えていく中、新しい食材へのチャレンジが必要です。中でも牛肉には興味を持っています。脂の美味しさだけではなく、赤身の味わいもきちんと感じられる土佐あかうしは興味深いですね」

料理人がどの食材を選ぶかということは、世の中に大きな影響を与える。でも、料理人自身がそれに気づいていないことが多いように思う。食育だなんだと騒がしい世の中だけれども、放っておけば大手の食品企業や外食のチェーン店ばかりが、自分の商品を売らんがための食育もどきを展開している。本当は、料理人がそれぞれの持ち場で、お客さんに「この食材はこうやって生まれていてね」と伝えるのが一番の食育につながるはずだ。

夢のような景色の中で育つ

土佐あかうしの美味しさを識ってもらったら、次の段階は産地に連れて行くこと。農産物の仕事をしていたときに「バイヤーを産地に連れて行ければ、商談はもう決まったようなもの」という話をよく聞いた。生産者や土地への愛着が湧くからだ。

料理人も同じで、彼らは日々食材と向き合っているものの、必ずしもその食材の生産段階を識っているわけではない。料理人は素材を美味しく調理するプロではあるが、素材を作るプロではないのだから、当たり前のことだ。

「よし、瓢亭の髙橋義弘さんを高知に呼ぼう！」

鉄は熱いうちに打て。すぐに高知県庁に許可をとり、義弘さんに打診をすると、

「え、本当に行けるんですか？　嬉しいです、1泊で行けるように調整しますから」

とすぐに返事が返ってきた。やっぱり優れた料理人は決断が早く、腰が軽い。

1ヵ月後、高知龍馬空港の目の前にある高知大学の放牧場で、ぱっちりとした目の愛くるしい子牛を見てもらう。そこから一路、3時間ほどかけて土佐清水市の放牧場へ向かった。緑豊かな放牧場は、足摺岬を望む「唐人駄馬（とうじんだば）」という巨石が並ぶ景勝地にある。牧場主の西村亮さんが「ほーい！」と牛呼びの声をかけると……1分後、ドドドドドドッという地響きとともに、土佐あかうしの母牛と子牛たちが山の上から疾走してきた！

ものすごいド迫力で、こちらに向かってくるので、僕や義弘さん、案内してくれた高知県の職員の方々も「うわあぁ！」と全員で絶叫してしまう。牛ってこんなにも速く走れるものだったのか⁉　さいわい、あかうしたちは僕らをなぎ倒すことなく周囲に散らばり、草を食べ始めた。キラキラと海が輝く足摺岬を望みながら草を食む、夢のような景色だ。義弘さんも「こんな風景があるなんて……」と感動しながら、牛たちと戯れていた。

そう、やっぱりこれなのだ。料理人が生きている牛と対峙した瞬間に、いままでブロックでやってきた〝牛肉〟が、生きている牛と結びついて〝牛の肉〟になる。それによって、肉に対する理解の次元が深まるのだ。

ツアーの後、京都に用事があったので、瓢亭に予約を取って伺った。本物のお茶室で、なんとも言えぬ心地よい食感と香りのお鯛さんの刺身に舌鼓を打ち、しんじょの美味しい椀を味わっていると、義弘さん自ら焼き物を運んできてくれた。

なんと、土佐あかうしのフィレである！　厚く切られた肉の表面は香ばしく焼き目がつき、内部はシットリと水分を湛えたピンク色、ちゃんと肉のうま味が活性化して、口に入れた時に旨いと感じる温度に仕上がった、極上の火入れである。肉の傍らにはグリーンのソースがかかっているのだが、えんどうの餡(あん)だという。

「炭火で焼いて、休ませてをくり返してじんわり火を入れました。緑の餡はうすいえんどうなんですけど、餡だけなめると旨くないです（笑）。豆のサヤも茹でて汁をとって、出汁と一緒に炊いて裏ごししたものです。これをあかうしにあわせるといい感じなんですわ」

うーん、本当に絶妙な合わせ方。豆々しい青さが、あかうしの香りと微妙な重なり方をする。これが黒毛和牛だと、脂の風味が濃すぎてつりあいがとれないだろう。

義弘さんはその後、継続的に土佐あかうしを扱うお得意さんとなってくれた。何度も接待で来てくれる常連さんや、外国から来る賓客などに大好評なのだそうだ。世間に大河のごとく流れる牛肉シーンに、しっかりとした杭が打ち込まれた瞬間である。

この頃になると、特に関西を中心とするさまざまな飲食店で土佐あかうしを取り上げてくれるようになった。

土佐あかうしが黒毛和牛の人気を超えた日

料理人の間で土佐あかうしの人気が高まるにつれ、飲食店やホテルなどでの取り扱いも増え、じわじわとあかうしの市場価格が上昇していった。

次ページにここ数年の土佐あかうしの子牛価格の推移を示したが、２００９（平成21）年中盤に底を打ってからどんどんもり返して、２０１２（平成24）年には最低価格だった頃の倍になっているのがわかるだろう。

その状況はさらに進展している。２０１３年11月に開催された子牛市場で、僕の目の前でセリ値の電光掲示板が50万円を超えた。歴史的な瞬間と言っていいだろう、その子牛は高知農業高校の生徒たちが育てた牛だった。

実際、土佐あかうしは引く手あまたとなってしまった。

そういうわけで、生産農家も安心して土佐あかうしを育てるようになった。今は子牛が

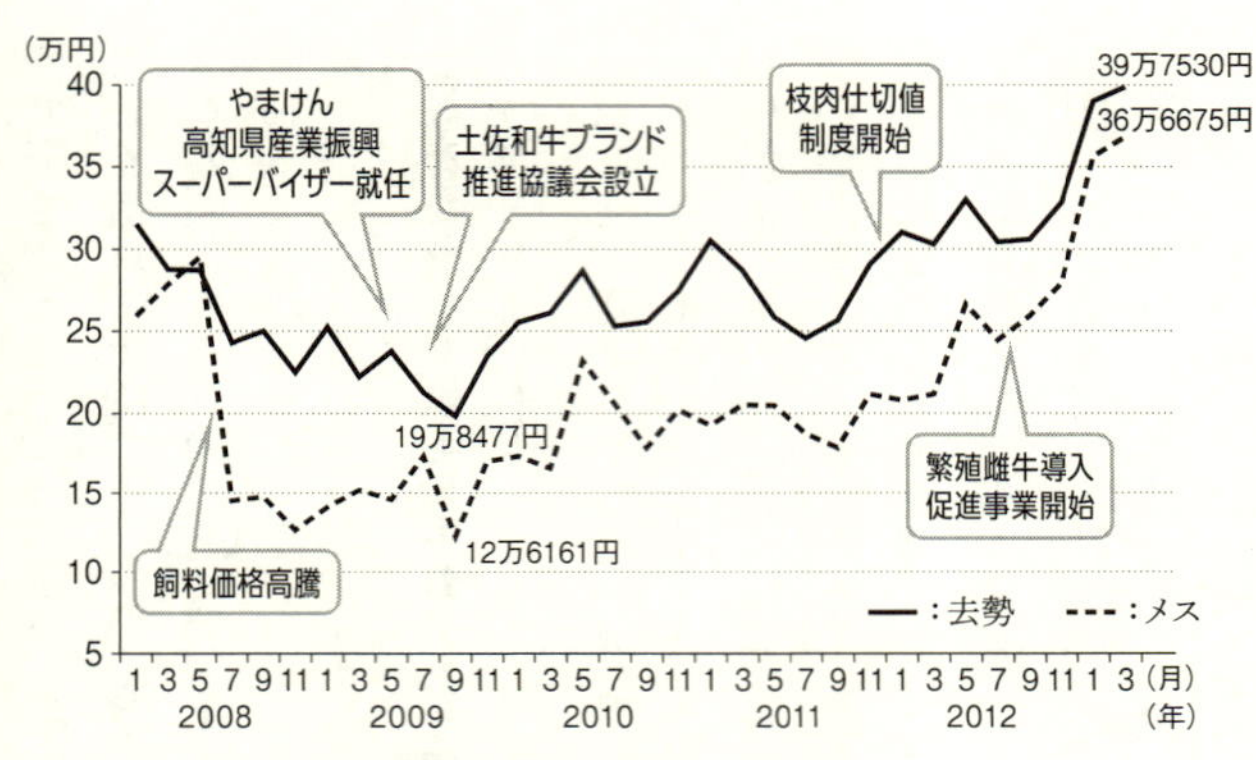

土佐あかうしの子牛価格はどんどん上がった
（去勢・メス　税込み。高知県の資料より作成）

足りず、県も繁殖農家に頑張って子牛を生産してもらう施策を進めている。だから、「土佐あかうしの子牛を何度ペンキで黒く塗ろうと思ったか」と言っていたお母ちゃんも、今ではニコニコしながら子牛を育てている。

瓢亭の義弘さんと一緒に放牧風景を見に行った、繁殖農家を営む西村さんも、「あかうしが評価されるようになって、いまがわが世の春です」と喜んでくれた。

あかうしの伝統的な産地である嶺北地方の土佐れいほく農協は、１５０頭規模の繁殖センターを設立し、子牛の生産にも乗り出した。こうした努力もあって、２０１６年度には全国の肉牛品種のなかで唯一、飼養頭数が増加に転じることとなった。黒毛和牛でさえも減少している中で、ほんとうに唯一、土佐あかうしだけが１

00頭規模の増加をしたのである。

これをエポックメイキングと言わずしてなんと言おうか。

土佐あかうし〝らしさ〟を求めて

販売額は絶好調、生産体制も増強されつつある現在、土佐あかうしは新たな悩みを抱えている。土佐あかうしブームを牽引してくれた各地の料理人から「最近の土佐あかうしは、サシが入りすぎて、あかうしらしくない」という声が多くなっているのだ。

実は数年前に、高知県畜産試験場によって世に出た種雄牛がいる。「桜栄（さくらさかえ）」という名のその種牛は実に能力が高く——当然ながら、サシを入れる能力のことだ——、格付けの高いあかうしを生産するには実に優秀な成績を示すのだ。農家としては、土佐あかうしも格付けが高いほうが価格も高くなるわけだから、みな桜栄の精液を自分の母牛につけたくなる。また、桜栄の血統ではないにしても、農家の技術がどんどん向上していることもあり、あかうしの格付け上位発生率が上がっているのである。

こうした状況は、単に価格の話をするなら喜ばしいことなのだが、味を考えるとそうも言っていられない。土佐あかうしは「味が良い」ということで再評価された牛なので、その味が「らしくない」と言われ、評価が下がるのは問題なのである。

そこで2015年には、高知県の生産者向けに「もうあかうしにサシをあまりいれないで！」というイベントを実施した。東京の人気レストランである「OGINO」のシェフ、荻野伸也さんに肉焼きのデモをしてもらい、その際にハッキリと「土佐あかうしの良さは赤身の美味しさであって、サシが入りすぎるのは好ましくないです」と言ってもらった。それを聞いた生産者はかなり動揺していたが、真意は伝わったと思う。

現状ではどうしても格付け上位のほうが枝肉価格も高くなるので、農家に「サシを入れるな」などとは言えない。でも、土佐あかうしの人気が落ちてしまったら、困るのは生産農家自身なのだ。サシよりも赤身が多くなる肉も正当な価格になるような評価基準ができて、それが普及していけばいいと思う。

第5章

美味しい牛肉をめぐって
〜アメリカ・オーストラリア・フランス篇

輸入牛肉を識らずして日本の牛肉は語れない

ここまで、日本の牛を中心に書いてきた。でもそれでは、日本における牛肉事情の半分も語っていないことになる。日本で食べられている牛肉の半分以上は、諸外国からの輸入によってもたらされているからだ。

日本で消費される国産牛肉はおよそ40％にすぎず、およそ60％が輸入牛肉である。その輸入牛肉の輸入先を見ると、オーストラリアが57％、米国が35％、ニュージーランド4％、その他4％（平成27年度農林水産省調べ）と、オーストラリアと米国の二強がシェアを分け合っている。

つまり、家庭や中食・外食などで偏りなく牛肉を食べている場合、5回に3回は輸入牛肉を食べている可能性が高いのだ。そう聞いて、「思ったより多いな」と感じた人は、外食や中食で意識をせずに牛肉を購入し、食べているのではないだろうか。

というのも、スーパーマーケットや精肉店で肉を小売りしている場合、産地表示は義務なので、国産牛肉なのか輸入牛肉なのかはハッキリと書かれている。しかし、飲食店や惣菜やお弁当などの中食で牛肉を食べる場合、（どんな業態かにもよるけれども）「国産」「輸入」は明示されていないことが多かった。２０１７年の法改正によって、食品表示における原材料の義務表示に国産か輸入か、輸入であるならどの国かまで明記することが決まったが、かなり緩い表記になりそうだし、そもそも表記を見ない人も多いだろう。

普段からあまり気にせず牛肉を食べる場合、輸入牛肉を食べていることが多い。なぜなら、国産牛肉と比べて圧倒的に安いからだ。たとえば国産黒毛和牛のサーロインの卸値が1kg7500円程度だとしたら、USビーフやオージービーフは1500円程度、つまり5分の1の価格である。

だから、よほど「国産」を謳い文句にするのでない限り、国産牛肉を使用して惣菜やお弁当をつくるのは大変なことだ。コンビニで並ぶ牛カルビ弁当を、「よく分からないけれど国産じゃないの?」と考えているとしたら、大間違いである。

要するに、輸入牛肉を語らずして日本の牛肉シーンを理解することはできない。それも、単に「美味しい」「マズい」といった話をしても意味がないと思う。なぜなら、牛肉の味わいは国によって違う。牛肉に求める味わいの目標自体が国によって違うからだ。ある国で「美味しい」と思っている牛肉が、別の国では「美味しくない」と感じられることは当然ある。では、海外にはどんな肉文化があるのだろうか?

本章では、僕が実際に現地に行って確かめた牛肉事情を3ヵ国ほど、ご紹介したい。まずは日本人にも好まれているUSビーフから始めよう。

アメリカの牛肉事情 ～なぜドライエイジングを施すのか

アメリカンビーフと日本の牛肉に同じ風味がある理由

日本人はアメリカン（ＵＳ）ビーフが大好きだ。日本の牛丼チェーンを代表する吉野家が、ＢＳＥ問題でアメリカからの牛肉輸入がストップした時も、オージービーフを頑なに使用せず、ＵＳビーフでなければ望む味にならないと輸入再開まで踏ん張っていたのを思い出す人も多いだろう。実際、日本で流通する牛肉の6割を占める輸入肉の中で、ＵＳビーフは5割を超えるシェアを持っている。

ＵＳビーフが日本人に好まれる理由は、おそらく餌に由来するところが大きいのではないだろうか。ご存じの通り、アメリカは飼料用トウモロコシにおいては世界最大の生産国なので、牛肉の肥育に使用する餌はトウモロコシ主体となっている。そして日本も、自国でトウモロコシを生産することはほとんどしていないものの、アメリカから輸入して、トウモロコシ中心の飼料設計をするのが普通だ。これについては、戦後政策の中でアメリカ型の畜産方式が推進されたこともあるのだろう。

２０１１年、日本で牛肉のドライエイジングのブームが起きつつある頃、その本場であるアメリカ・ニューヨークに向かう一団がいた。日本ドライエイジングビーフ普及協会

（ＪＤＢＰ）という組織の現地視察ツアーである。僕もこの会の委員で、ツアーに参加した。５日間の日程すべての昼・夜どちらも、ドライエイジドビーフのステーキを食べる旅程が組まれていた。

ニューヨークでも、ドライエイジングを施したステーキはとびきりのご馳走という位置づけ。どの店もドレスアップしたお客さんが、上品にステーキを楽しんでいた。驚くのはその分量で、どのテーブルにも１ポンド（約４５０ｇ）を軽く超えるであろう骨付きのＴボーンステーキがドンと載っている。日本では「とてもそんなには食べられない」と尻込みしてしまう分量だが、お年を召したカップルが、その分量をにこやかに楽しみつつたいらげていくのだ。ただし、その驚きは自分たちのテーブルに運ばれたステーキを食べてみると、「ああ、そういうことか」と収まった。

日本の黒毛和牛のＡ４以上の肉を、ステーキで３００ｇ以上食べるのは、なかなかに苦しいものだ。でも、ＵＳビーフはサシは圧倒的に少ないので、油脂分は少ない。赤身部分の肉を食べるかぎり、それほどお腹にズシンと来ることなく、食べ進められるのだ。

空気に触れさせてねかせる「含気熟成」を施したＵＳビーフはとても柔らかく、普通なら嚙み切れず口から出してしまうスジの部分までも柔らかく熟成されていた。

名店の誉れ高い「ピーター・ルーガー」、そのヘッドウェイターをしていた人が独立して出した「ウルフギャング・ステーキハウス」、マンハッタンから東へ走ったロングアイランドの閑静な高級住宅街にある老舗「ブライアント&クーパー」など、ツアーの行程では様々なグレードの店に足を運び、ステーキを食べまくった。本場での初めてのドライエイジドビーフの味わいに、最初は衝撃を受け、言葉もなく食べていた面々も、数日経つと冷静に味を評価できるようになってくる。ツアーの参加者は精肉の大手卸や精肉小売店、レストランの経営者など様々だったが、日々、牛肉と向き合う業態の人たちばかりだ。彼らの口から、意外ともとれる言葉が出てくるようになった。

「ドライエイジングによる香りやフレーバーの変化は素晴らしいけれども、肉の品質自体は、日本の牛肉のほうが上だと思う」

「日本の牛肉でニューヨーク式のドライエイジングをすれば、もっと美味しいドライエイジドビーフができるはずだ」

そんなばかな、ステーキの本場はアメリカだよ、なにをうぬぼれているの？　と思われるかもしれない。けれども、うぬぼれているわけでもなんでもない。

ドライエイジングを施したことでナッツのような香りが生じ、複雑な味わいが生まれる。これはまた、熟成によって部位によらず歯でサックリと噛み切れる軟らかさが生まれる。これは確かなのだが、もともとの牛肉自体にはそれほど味がないじゃないか、ということなのだ。

USビーフは味わいが薄い

ここ数年で、ニューヨークに本拠を持つ人気ステーキハウスが続々と日本に上陸しているのはご存じだろう。アメリカの店舗と同じく、ドライエイジングした骨付き肉を、たっぷりのバターと絡めながら焼き上げるステーキは、それまでドライエイジドビーフや本格的なステーキを食べたことがない日本人を大いに驚かせた。僕も、ドライエイジングに関する仕事をしている関係もあって、そうした店には何度となく足を運んでいる。

ただ、心の底から美味しいと思ったことはない。それどころか、何度食べても「肉自体は味わいが薄い」と感じている。バターをタップリ使って焼き上げるのは、肉の味わいを補強するためなのではないか、とまで勘ぐってしまう。

正直な話、USビーフには、それほど味わいがあるわけではない。そう言いきれる根拠もある。第2章で書いたとおり、日本の和牛品種は25～30ヵ月齢あたりで出荷することが多い。高級な黒毛和牛であれば40ヵ月を超えるものもある。一概には言えないものの、月齢が長いほど味わいと香りが蓄積され、また脂肪の融点が下がっていくと言われるのだ。

一方、アメリカではそんなに長く肉牛を飼うことはまれだ。通常、20～22ヵ月齢あたりで屠畜されることが多いと聞く。ずいぶん差があるが、アメリカでは**肥育ホルモン**と呼ばれる薬剤を投与する。これによって、通常よりも増体速度がグンと上がるのだ。実際、JDBPのツアー後もさまざまな牧場を見てまわったメンバーは、「20ヵ月齢くらいからグッと大きくなるのが、ちょっと異様でした」と報告した。USビーフの多くは、肥育ホルモンによって、体は大きくなるわけだが、味わい自体はそれほど乗らない状態で出荷されるのではないか？　うがった見方をすると、そのままの肉ではそれほど美味しくないからこそ、ドライエイジングを施したステーキが人気を呼ぶのではないだろうか？

そんなことを言うと、USビーフの熱烈なファンに怒られてしまうかもしれないが、これが僕のUSビーフに対する評価である。

肥育ホルモンの不安とともに

もちろん、アメリカでも事情が少しずつ変わり始めている。オーガニック専門のスーパーとして人気を集め、あのAmazon社に買収されたことで、今後の方針が注目を集めるホールフーズ・マーケットをご存じだろうか。

ホールフーズの精肉売場では独自のアニマル・ウェルフェア基準を設定しており、トウモロコシを多量に与えて飼育する一般的なUSビーフは入荷しない。かわりに、牛舎から自由に放牧場に出られるようにした牧場の牛や、トウモロコシではなく牧草を中心に食べさせた牛の肉を誇らしげにディスプレイしているのである。

その肉は、これぞほんとうの赤身肉というべきもので、サシの一片も入っていないものが多い。アメリカの牛肉は赤身だという人が多いけれども、彼らの格付け基準を見ると、最高位にあるプライムグレードの肉には、日本における牛肉の3等級程度のサシが入っている。オーストラリアや、後述するフランスなどから見れば十分に霜降り肉だ。

アメリカ人もある程度のサシは好きなのだろう。そんなアメリカでホールフーズに並んでいるような真っ赤な肉は受け入れられているのだろうか？　この点についてアメリカ在住の日本人コーディネーターに訊ねると、意外な答えが返ってきた。

「ホールフーズの肉は売れています。こっちでは、まだ幼い女の子に初潮が来たとか、男の子なのに胸が膨らんできたとかいうニュースがたまにあるんですよ。それが肥育ホルモンに関係しているんじゃないかと考える人は、ホールフーズに来て肉を買うわけです」

なるほど、そういうところにも需要があるのか、と得心がいったのであった。

2013年、全米の肉牛生産者が組織するプロモーション（販売促進）団体の女性が来日した際、僕に対するインタビューの申し出があった。日本における赤身牛肉の市場について知りたいということだった。

日本の牛肉市場に関していろいろ話をした後、「こちらからも質問していいかな？」と肥育ホルモンの使用に関する質問を通訳の人にしかけた。そうしたら、まだ訳していないのにケラケラと笑い始めてこういうのだ。

「わかった、肥育ホルモンの利用についての質問よね？　皆さんそれを不安視しているようですね。米国の肉牛では99％、肥育ホルモンを投与して生産しています。けれども、それらは基準に従って使用していますし、その限りにおいては人体に影響がありません」

あまりに彼女が確信的にそう話すので、この時は「へえ、そうですか」と言うしかなかった。ただ、この「99％は肥育ホルモンを使っている」という部分は、そうでない牛肉を求める人が増えている現状では、変わっていくのではないかと思う。実際、僕の友人でもある精肉卸売業者が輸入を始めたUSビーフは、オーガニック認証を取得しており、肥育ホルモンを一切投与していないというものだ。

肉を送ってくれたので食べてみたところ、非常に味わいが薄い。履歴を見たところ、まだ試験的に輸入しているため、20ヵ月齢程度の若齢牛だったので仕方がない。今後は、日本人好みに味の乗った25ヵ月齢以上の個体を輸入したいと、友人は言っていた。

それにしても、健康不安の面からではなく、味の面からもアメリカの牛肉生産をめぐる事情が変わっていけばいいのにな、と強く思う。

オーストラリアの牛肉事情 ～資源をフル活用して牛肉を育てる

オージービーフの真実

「グラスフェッドの牛は草の匂いがして、マズいって言う人が多いですよね。けれども、本当にそうでしょうか？　オーストラリア本土の南部や、タスマニア島などで育つ高品質な牧草だけを食べて育った牛の肉は、ほんとうに美味しいんですよ」

オーストラリア産の赤ワインを片手に、それまでにこやかに話していた中山剛伸さんが、真剣な面持ちで語り始めた内容に僕はどんどん引き込まれていった。

中山さんはオーストラリアの牛肉、つまりオージービーフの生産者団体であるＭＬＡ（MEAT & LIVESTOCK AUSTRALIA）の日本支部スタッフだ。日本で赤身肉になりやすい肉牛品種の応援を始めた僕のところには、様々な産地から相談が舞い込むようになっていたが、日本の肉牛に関する仕事が多く、海外の牛肉産地と関わるとは思っていなかった。

それが、ある食品商社の仕事でオージービーフのＰＲを手伝うことになった。当初、あまり気乗りがしなかった僕だが、イベントで使用する肉のサンプルを食べてみて「おっ！」と思った。それまで僕が抱いていたオージービーフのイメージと違って、とても美味しい肉だったのである。オージービーフといえばサシの入らない真っ赤な肉。日本では赤身中心と評価される米国産牛肉とも違い、ちょっと味気ないパサッとした肉という感想を持っている人もいるだろう。僕もおおむね、そういう印象を持っていたのだが——。

「オーストラリアは日本と違ってとても広いので、生産される牛肉もピンからキリまであります。以前の日本では価格の安いオージービーフを買う企業も多かったので、美味しくないものもよく店頭に並んでいました。でも、状況は変わりました」

中山さんが言うとおり、そのオージービーフはしっとりとしており、何より赤身部分のうま味がしっかりしていた。全体として健全な味わいで、しっかりめのソースと合う。

「牧草だけで育てた牛の肉をグラスフェッドビーフと言いますが、オーストラリアでは特別に良い地域の牧草を食べさせた牛の肉を**パスチャー**（pasture）**フェッド**と呼んでいます。やまけんさん、赤身肉を語るなら、オーストラリアを外すことはできないでしょう」

そんなやりとりの後、僕はオーストラリアに飛んだ。この美味しいオージービーフを輸入するトップ・トレーディングという商社の産地視察に同行できることになったのである。

肉牛肥育は羊と補完関係にある

オーストラリア大陸の南に浮かぶタスマニア島は、北海道を少し小さくしたくらいの面積。立派なオーストラリアの州である。オーストラリア内で最も山が多く自然に恵まれたこの地を目指す観光客や移住者も多い。タスマニア島は本土より土壌が肥沃で、牧草に恵まれているので、パスチャーフェッドと呼ばれるビーフが生産されているのだ。

　タスマニア島の牛と羊を精肉にして出荷するＪＢＳ社という世界的な食肉企業に勤めるハリソンとガイという男たちが待っていてくれたので「グダイマイ！（G'day mate!）」と握手した（ＪＢＳ社はブラジルに本拠を置く企業だが、その実態は多国籍企業で、ブラジルにアメリカ、アルゼンチン、オーストラリアに広大な牛肉生産の牧場を所有している）。

　車に乗って中心部を外れるとすぐ、車窓からドーンと広がった牧草地が見える。目を凝らすと、白や黒の点々が。ああっ、牛と羊だよ……と、あっけなく出会ってしまった。

「牛と羊は補完関係にあるんだ。羊はあまり長く伸びすぎた牧草は食べられない。けれども牛を放った後に食べ残した草は、羊にちょうどいい長さなんだ。だからここでは牛と羊が近くで放牧されている」

　そう、日本で流通する羊肉の多くはオーストラリア産またはそのお隣のニュージーランド産だ。オーストラリアではこのように、放牧場に牛と羊を一緒に入れて飼うスタイルが普通（別に飼うところももちろんある）なのである。

　小一時間ほどのドライブで、契約牧場に到着したが——そこは、それほど高くない山に囲まれ、なだらかな丘が連なる広い空間。そこに心地よさそうな緑色の牧草のカーペットが、見渡すかぎり広がっている。本当にこれ、牧場なの？ 見渡す限りの平原という感じではないか⁉ ときょろきょろしてしまう。よく見ると、牛が逃げないように鉄条網で囲いをしているようだ。

そこにいたのは、日本の牛より小型でスリムな黒い牛たち。品種は、世界中で好まれるアンガス種だ。何かが日本と違うなと思ってジーッと見ていてようやく気づいたが、角(つの)がない。アンガス種は角がない個体を選抜しつづけることで、角が生えないようになった品種だ。角があると、互いに傷つけ合ったり、人間が引っかけられて大ケガをすることもあるので、無角という性質が好まれるのだ。

放牧こそコストがかからない

オーストラリアでの標準的な肉牛の飼い方は、グラスフェッドとグレインフェッドの2種類に分かれる。生まれた子牛を半年ほど育成するまではどちらも同じだが、グラスフェッドの場合、そこからは鉄条網や電柵で囲った牧草地に放して飼う。牛たちは20〜36ヵ月齢になるまでこの地で暮らすのだが、その間はひたすら牧草を食べて育つ。こちらの気候では一年中、牧草が絶えないそうで、冬になると雪が降って牧草が生えなくなる日本からすると、ひたすら羨ましい。そろそろ肉にするぞ、という時は牧場内に車やオートバイが入り、牛たちを1ヵ所に追い込んでトラックに乗せて出荷するという算段だ。

もうひとつの飼い方であるグレインフェッドでも、日本やアメリカとは少し違う。フィードロットと呼ばれる、巨大な囲いの中に入れて穀物を集中的に摂取させることはアメリカのやり方と同じだが、アメリカでは子牛段階を終了すると、肥育段階に進ませるため早いうちに牛を囲いに入れ、トウモロコシのたっぷり入った濃厚飼料を食べさせる。

対してオーストラリアでは当初、牧草を食べさせるなどして、出荷前の100日以上を目安に、穀物を与えるという方式だ。顧客が穀物飼育を早くスタートしてほしいと要望する場合はそれに応えるようだが、基本的には草を食べさせてから、最終段階で濃厚飼料を集中的に食べさせる。

つまり、オーストラリアは広大な土地と草という資源をフル活用して肉牛を育てることが、日本やアメリカと違う点だ。もっと言ってしまえば、オーストラリアで最もコストをかけずに牛を育てる方法こそが放牧なのである。囲いをして、水と牧草を確保しておきさえすれば、牛は勝手に大きくなってくれる。成長の度合いをみて、出荷してよい重量に達したと判断したら一群を追い込み、群れで出荷をする。

日本の黒毛和牛のように、オーストラリアに比べると少ない頭数で、一頭一頭を極めてデリケートに管理し、それぞれの牛の成長が最適なタイミングになったところを選り抜いて出荷するスタイルとはあまりに違う。そして、輸入されるオージービーフの価格と国産の黒毛和牛の価格の差がなぜ大きく違うのかということが、否応なく理解できた。

パスチャーフェッドビーフは、焼き魚のような存在

「この牛たち、何ヵ月齢くらいなの？」と訊ねると、20～25ヵ月程度だという。オージービーフはおおむね肉牛を20～42ヵ月程度の範囲で育てて肉にする。現在の日本では、比較的若齢の牛の肉が輸入されている。ただ、日本では25ヵ月の黒毛和牛でも生体重が６００～７００kg程度にはなるものだ。オーストラリアでは、視認する範囲では５００～６００kg程度といったところだろうか。

「そうなんです。オーストラリアの肉牛は若めで出荷してしまうことが多いですね。あまり月齢の差にこだわらない印象があります。だから、肉の味もアッサリしているのが多いですね」と、トップ社の担当者が説明してくれる。

では、そのタスマニアの牛肉を食べに行こうじゃないか！　と向かったのは、ローンセストンという街の中心部にあるレストラン。その名も「ブラック・カウ（黒牛）」だ。

「タスマニアでは、１ポンド（約４５０ｇ）のステーキを毎日食べることになりますからね！」と脅されていたのだが、たしかにメニューブックには小さなポーションでも３５０ｇ、大きなもので500gのステーキカットばかりが掲載されている。そしてほぼすべての肉がグラスフェッド、つまり牧草のみを食べさせた牛の肉だという。薫り高くクリーミーな泡が美味しい地ビールで喉を潤していたら、グリルで焼かれたことでパンパンに膨れた肉塊が運ばれてきた。うん、でかい……。日本のステーキのように面積が大きいが薄い肉ではなく、厚みが3cm程度もある直方体の肉塊だ。

ボンッと厚みのある肉にナイフを刺す。脂がジュッと染み出てくる——と思いきや、染み出てきたのは脂分ではなく、赤みがかった肉のジュースだ。大ぶりの肉塊をギュッと噛みしめる食感の後、すがすがしい香りとうま味に満ちた肉汁が、噛むごとにギュッギュッと放たれる。黒毛和牛を食べたテレビレポーターの「お口の中でとろける〜っ」というような軟弱さと対照的に、噛みしめなければ旨さと出会えない。けれども、この噛みしめる美味しさがとてもよい。肉とは本来こういうものではないだろうか？

リブアイ、ストリップロイン、テンダーロインなど、各自が注文した部位違いの肉を分け合いながら思ったのは、タスマニアビーフのステーキは、日本人にとっての焼き魚のような感覚で食べられているものではないか、ということだ。脂っこいものが続くと、塩を振ってサッと焼いたサバやアジにレモンを搾って食べたくなる。その感覚が、タスマニアではステーキで味わえるのだ。それほどに、食べていて脂っこさを感じない。

日本で黒毛和牛の脂ぎった肉を食べた後に感じる罪悪感とは違い、実に健全なタンパク質を摂取したぞ！　という嬉しい食後感を味わえる。このタスマニアビーフの美味しさは、間違いなくあの永遠に続きそうな牧草地の恵みから生まれたのだ。その草の恵みが、噛みしめた時に染み出る肉汁の香りに凝縮していると強く感じたのだった。

グラスフェッドの美味しさに驚く

さて、オージービーフの本道はグラス（パスチャー）フェッドであることが分かったのだが、オーストラリアでも穀物を与えることでリッチな肉質に仕立てるグレインフェッドビーフがある。タスマニアの旅の1年後、大手飲食チェーンの仕入れ担当者たちと一緒に、今度はオーストラリア本土の牛肉生産者と加工業者を視察する機会があった。

シドニーに到着した夜、地元民にも人気のステーキハウスに足を運んだ。オーストラリア各地で生産されたビーフを選べる店だったので、タスマニア産の100％グラスフェッドビーフと、ブリズベン近郊のグレインフェッドビーフをオーダーし、皆で食べ比べた。提供されるステーキは分厚くて大きく、その大きさに応じた大ぶりのポットになみなみと入った味の濃いソースが一緒についてくる。味わいがアッサリしているので、最初の100gくらいは塩と胡椒だけで美味しいと思うのだが、だんだん飽きてきてしまうのだ。そこで、切り分けた肉をポットのソースにつけて食べるということになる。

　さて、運ばれてきた大きなリブアイをざっくり切って口に運ぶ。その瞬間、テーブルのあちこちから「これは旨い！」という声が上がる。ジューシーで、程よくパンチの利いた肉で、歯切れのよいダイナミックな食感もよい。ソースにドボンとつけて食べるのが惜しくて、最後まで塩だけで食べ進むことにした。この豊かなうま味に芳醇な香り、そして軟らかさ。これはきっと穀物肥育しただろうとアタリをつけていたのだが——。

「店の人に聞いたら、これはグラスフェッドだそうですよ!?」と驚きの声が上がったのだ。

その後すぐに、グレインフェッドのリブアイが運ばれてきた。グラスフェッドがこんなにリッチな味わいなのであれば、こちらはもっと……と思いながら口に運ぶ。確かに、香りやうま味、そして油脂分のパンチが利いていて、先ほどの肉とは違う軟らかさがある。

　これはこれで美味しい。けれども一口食べて、「もうたくさん」という気分になってしまった。それは他の人も同様のようで、「グラスフェッドのほうが美味しく感じますね」「穀物飼育のものよりも断然、味に深みがある」と感想を漏らしていた。

　そうなのである。最初に食べたグラスフェッドビーフには、よく牛肉の業界で言われる「グラス臭」（牧草中心に食べさせた牛に特有とされる匂い）など一切ない。それどころか段違いに豊かな風味に良い香りがあり、食感も軟らかかったのである。

オーストラリア人が親しむ味

その翌日は、バスでシドニーからブリズベンへ、昼食を挟んで4時間ほどの移動だ。ハイコントラストな、クッキリ青い空と砂漠のように乾いた大地が続く地帯へ入る。今回は穀物飼育のフィードロットへ行くと聞いており、おそらく牛舎を歩いて視察できるのだろうと思っていた。が、そうではなかった。茶色い大地の中に見えてきた牧場の大きなゲートをくぐるが、そこからは牛たちがどこにいるのか見えない。

セキュリティチェックを終えてさらに車で10分ほど進んだところに、大きな工場のような施設が建ち、その横の広い範囲で柵が張り巡らされた中に牛たちがいる〝空間〟が広がっていた。基本的に雨季と乾季がはっきり分かれ、一年を通じて乾燥していることが多い地域のため、牛舎ではなく、屋外に囲いをしたフィードロットで牛を育てているのだ。日光を遮る屋根が、自転車置き場のように長い列をなしている。この農場だけで2万頭もの牛を飼っているのだそうで、その規模にあんぐりと口を開けてしまった。

ひと回りして工場のような施設でバスが停まり、降り立った。その施設は片方が穀物が山と積まれた倉庫、それにくっついたもう片方はもうもうと湯気が上がる、穀物をスチームする施設だった。そう、この巨大な工場は牛が食べる飼料を処理する工場だったのだ。

「これがいまスチームしたての穀物です」と、現地の担当者が手の平に載せて見せてくれたのは、押し麦の状態に圧延された小麦と大麦がホカホカと湯気を立てているものだった。すぐさま手を伸ばして口に入れると、麦特有のひなびた香りがし、口に入れ続けていると甘みが出てくる。

「これを乾草などと混合して給餌するんです。数万頭の牛に毎日食べさせるので、大規模フィードロットでは飼料工場が敷地内にあることが珍しくありません」

なるほど、飼料メーカーが配合した餌を配送してもらう日本とはこれも大きな違いだ。しかし、オーストラリアの餌と日本、そしてアメリカの最も大きな違いは、その中身だ。小麦や大麦、ソルガム（コーリャンとも呼ばれる）を中心に設計しているのだ。ちなみに、アメリカや日本で主流のコーンの黄色い粒はほとんど使われていないようだった。

夕刻、生産現場のスタッフとともに、先のフィードロットの牛を仕入れているというレストランで会食することになった。厨房のスタッフは「これを焼くよ！」と肉を掲げるサービスをしながら焼いてくれる。生の状態のリブアイには、タスマニアで見たグラスフェッドビーフとは違い、細かなサシが入っている。

テーブルに運ばれてきたステーキを切り分け、口に運ぶ。するとやはり、シドニーのステーキハウスで食べたグレインフェッドビーフを思い起こす、ギンッと強い油脂のパンチを感じる。サシの入り方は穀物中心に育てた牛肉と似ているのだが、その脂の香りや味わいから受ける印象が、日本やアメリカの牛肉と違うのだ。美味しくないということではない。私たち日本人が慣れ親しんでいる肉の風味と違う、ということである。オーストラリアの人たちからすれば、この肉こそが親しみのある、美味しい牛肉であるはずだ。

旅の終わりに、オーストラリアの良質なグラスフェッドビーフを日本へ輸入するトップ・トレーディング社の水先案内人を務めてくれた担当者と一緒に、オーストラリアのグルメシーンで評判の高いレストラン「ロックプール」へ足を運んだ。ここでは店内にしつらえたドライエイジング熟成庫で、長期間熟成したオージービーフを食べさせてくれるのだ。しかもメニューを見ると、タスマニア産のグラスフェッドビーフと、グレインフェッドビーフの双方が明記されている。当然のように僕たちは、両方をオーダーした。

感想は通常熟成の時と同じだった。つまり、二人とも圧倒的にグラスフェッドビーフのほうを、風味がリッチで、素晴らしく美味しいと感じたのである。

グラスフェッドビーフは美味しくないと思っている人がいるならば、オーストラリアの地から声を大にして言いたい。あなたは、美味しいグラスフェッドビーフを食べたことがないだけなんですよ、と。事実、近年の赤身肉ブームの後押しもあり、グラスフェッド、そしてパスチャーフェッドのオージービーフの輸入量が増加している。

フランスの牛肉事情 〜霜降り肉などとんでもない

土佐あかうしとそっくりのパルトネーズ種

２０１４年の暮れ、僕はフランスに赴き、主に地方を廻っていた。その頃は、２０１５年に世界中を騒がした、新聞社「シャルリー・エブド」がテロリストに襲撃される事件の前だったため、のどかなものだった。旅の目的は、シャロレー牛という、フランスで主流（つまり日本における黒毛の立場）の牛を視察することだ。だが、その過程でフランスの食肉事情そのものに出会うこととなったのである——。

パリから特急で3時間、そこからさらに1時間半ほど車で行ったところにパルトネーという町がある。ここにパルトネーズ種という肉牛がいるというので、シャロレー牛の前にその牛を観に行った。パルトネーズ？　初めて聞く牛の品種だ。恥ずかしながら識らなかったのだが、実はフランスには20種以上もの地方品種がいるという！

フランス全土の地図に地方品種のイラストを載せた、いわゆる肉牛マップのようなものを見せてもらうと、実に圧巻の品種数だった。日本には和牛品種が4種と、乳用品種が4種類程度しかいないので、さすが肉食文化圏だとため息をついてしまう。

パルトネーズ種を飼う農家の牛舎にお邪魔して、牛と対面してビックリしてしまった！

その姿は日本のあかうし、特に前章でも採り上げた高知県の「土佐あかうし」に驚くほど似ているのだ。褐色の体毛や、目や口の周りが黒い〝毛分け〟に覆われる点など、特徴がよく似ている（もちろん両者には血のつながりはないのだけれども）。

かつてパルトネーズ種はフランス全土で１００万頭以上は飼われていたそうだ。ところが、日本と同じく効率を優先し、体が大きくなる品種がだんだんと飼われるようになると、一時は主流だったパルトネーズも、１９７０年代にはなんと８０００頭まで激減してしまう。これではいけない！　ということで、パルトネーズ種を産んだここパルトネーの人たちが立ち上がる。パルトネーズ種を販売する食肉会社が地域にでき、そこが農家に対して特別な契約価格を保証し、シャロレー種など主流の牛より高い値段で買うことを約束したのだ。価格の後ろ盾があれば生産者は安心して生産できるので、一時は絶滅危惧種に近づいたパルトネーズ種は、いまでは4万頭まで回復しているという。素晴らしい！

すべての部位を買ってもらえる国

それにしても不思議だ。地元の人がいくらパルトネーズ種を復興させようと頑張ったところで、マーケット、つまり買う側がついてこなければ意味がない。日本では肉牛と言えば圧倒的に黒毛和牛の立ち位置が高いので、地方品種は人気がなく、売るときに不利という時期が続いた。ところが、フランスではそんな問題はあまり起きないようなのだ。パルトネーズ種を手がける食肉卸のSVEP社では「幸いなことに、地元のスーパーやレストランのシェフたちがどんどん買ってくれる。いまではほとんどの牛が、屠畜する時点で買い手がついているんだ」ということだから驚いてしまう。

もう一つ驚いたことがある。パルトネーズ種は基本的に枝肉、つまり一頭を背骨から半分に割った状態で販売するというのだ。枝肉にはロースやモモ、バラやスネなどの全部位がついている。それをすべてスーパーが購入するというのは日本では難しい。サーロインや肩ロースなどはステーキ肉として売りやすくても、硬い首肉や大きなバラ肉などは売りにくいからだ。けれどもフランスでは、そうした部位も含めて買ってくれるのだという。

スーパーに入り食肉売場へ足を運ぶと、その理由がわかった。牛の各部位の精肉だけではなく、シャルキュトリ（加工肉）が並ぶ。日本のようにハム・ソーセージ・ベーコンという単純なものだけではない。レバーペーストや血のソーセージ、豚足や顔の肉や耳をゼリー寄せしたものなど、およそすべての部位を食べられるように加工したものが並んでいるのだ。

案内してくれたフランス人も、「どれか一つの部位だけが売れてしまうということは、あまりありませんね」という。

フランスは、買う側も寛大で、文化を支えていこうという気持ちが、ほとんど無意識のようにある国なのだな、と実感してしまった。

フランス人は霜降り肉を食べない

ところで、フランスで枝肉が並ぶところを視察しているときに「ヤマケン、これが私たちにとっての〝よい肉〟だ」と見せてくれた肉の断面を見て驚いた。次ページ写真にあるように、サシの一片もない真っ赤な肉なのだ。驚くことに、フランス人にとって肉は赤いほど良く、霜降り肉などとんでもないという文化なのだ。

でもそうはいっても、食べてみたら美味しいと思うはずだ、と高をくくっていたのだが、これが大間違いだった。薄切り牛肉を刺身のように食べる「カルパッチョ」用に牛肉をスライスする工程を見学していると、20回に一度くらいの割合で、せっかくスライスされてきた薄切り肉をパッと捨てている。異物混入でもあったのかと思い、「なぜそれをはじくのですか？」と尋ねたところ、返ってきた答えに驚愕してしまった。

「ほら見てごらん、脂が入ってるだろう？　フランス人はこれを食べない」

肉の断面を見てみるが、脂と言っても、日本の黒毛和牛と比べればごくごく控えめなものので、日本人なら「赤身で美味しいね」というくらいのかすかなサシである。それなのにダメだという。

これは面白い！　フランス人の感覚を理解してみようということで、本来なら捨ててしまうはずの脂の入った肉と、製造担当者が「これが理想的なカルパッチョだ」という真っ赤な肉をレストランに持ち込み、皿に盛ってもらった。そうして周りの人に「どっちが美味しい？」と尋ねてまわったのだが――女性も男性も、皿を見ただけで「脂はノン！」と気に入らない様子、食べようともしてくれない。なんとか食べてもらうものの、嚥下する前の段階で「美味しくない」と言う。

この体験を経て、フランスでは日本と肉の価値観が全く違うと識った。いま、黒毛和牛をEU圏に輸出するチャレンジがなされているけれども、こういう国でA5の肉を売ろうと思っても、限界があるのではないかとつくづく思う。

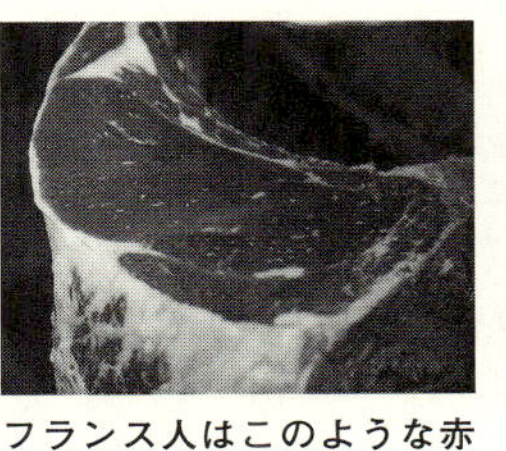

フランス人はこのような赤身肉を好む

赤身肉の象徴・シャロレー種

フランスの肉牛品種で最も多く育てられているのがシャロレー種である。日本における黒毛和牛の位置づけと思えばよい（とはいっても、先述したように、格付けの基準は黒毛と正反対で、霜降りがないほどよいとされるけれども）。

シャロレーは純白の体毛の牛で、その体軀はとても大きい。大きいと言っても縦に大きいのではなく、横に、だ。しかも、そのお尻がすこぶる大きく発達している。肉牛に関しては、早く大きくなるということは美徳なので（あくまで人間にとっては、だが）、その分野では追随を許さないシャロレー種が、ヨーロッパの肉牛の中心となっているらしい。

そんなシャロレー種をはじめ、肉牛の生産が盛んな地域といえばフランスの中南部。道を走れば放牧されている白色や茶色の牛たちを見かける。この地方にあるモンリュソンという街に、日本に向けて輸出されるシャロレー牛の、生産から流通までを束ねている企業がある。１９７６年から続く、モンリュソンでは識らぬもののいないピュイグルニエ社という企業だ。現社長はエルベ・ピュイグルニエさん。

モンリュソン駅の目の前に立つ「オテル・ド・ブルボン」にチェックインし、ロビーで待っていると、エルベが颯爽と登場し、「さあ食事にしよう！」と語りかける。まるでわがもののようにホテル中を闊歩するなあと思っていたら、このホテルは彼の親戚がオーナーというではないか。ピュイグルニエ家はこの地方きっての名士だったのである。

ホテル1階のレストランで振る舞われたのは、シャロレー牛を使った伝統料理・ポトフだ！　日本で多くの人が「ポトフ」と認知しているものといえば、ソーセージやベーコンをキャベツやニンジン、ジャガイモにタマネギなどとたっぷりのスープで煮たものだろう。だが、このとき出てきたのは、汁がほとんどないものなのだ。一人分の小さな鉄鍋に、よく煮込まれた塊肉と根菜類が入っている。日本ではたっぷり入っているはずのスープがほとんどなく、煮詰められてトロリとした液体が鍋底に1㎝程度入っているだけなのだ。実は本格的なポトフは、「煮込み」のようなもので、汁がほとんどなくなるまで煮詰め、肉と野菜を美味しく食べるものなのだそうだ（地方によっては、日本のようにスープの多いものもあるという）。

シャロレーの頬肉とテールを塩と白ワインで煮込み、そこにパースニップ、カブ、ルタバガといった根菜を入れて火を通し、一緒に食べる。この、モンリュソンのポトフの美味しかったこと、この上ない！　軟らかくなるまで煮た頬肉は口中に圧倒的なコクをまき散らしながら、ゼラチン質によってネットリ歯に絡みつく。粘度の高い煮汁にはシャロレーの濃厚なダシと根菜の香りが凝縮され、パンで拭いきれない分は舐めてしまいたいと思うほどだった。この旅の中で一番美味しく心に残ったのは、この一皿だった。

これで一気に、シャロレー牛の魅力に引き込まれてしまったのである。

フランス人は処女牛よりも経産牛を好む

シャロレー牛はとにかく体が大きくなる増体系の品種なので、フランスはもとよりヨーロッパ各地で飼われている。そしてフランス人が通常、美味しいと思って食べているのは、驚くことに、何回か子を産んだ経産牛なのだそうだ。

「未経産の牛の肉は、味も香りもなくて美味しくない、と現地の人たちは言っています」

そう言うのだから、何とも肉の上級者としかいいようがない。ただし今の日本では、フランスから30ヵ月齢以上の牛肉を輸入することはできない。だから、本当にフランス人が好む肉を食べられないのである。

もちろん、経産牛が好きといっても、未経産牛を一切食べないのかというと、そんなことはない。ジェニス・プリムール(処女牛という意味)と銘打った未経産牛も国内で販売している。それを大きく展開しているのがピュイグルニエ社なのである。このジェニス・プリムールに関しては、日本でも手に入れることができる。というより、おそらくいまフレンチビストロなどで食べられるシャロレー牛は、このジェニスがメインであるはずだ。

ちなみに、オスに産まれた牛はどうなるか。日本と同じように去勢して育てると思いきや、なんと去勢をせずに育てるという。そんなことをしたら筋骨隆々になって、しかも特有の匂いが出てしまうではないか?

「そうならないように、発情期を迎える前の段階で肉にしてしまいます。それでも育ちが早いので800kg以上になるんです」

でも、美味しさの点からすれば、未経産牛よりもはるかに落ちるのではないだろうか？「このオス牛はどんなフランス人が買うの？」と尋ねたところ、フフフと笑って返ってきた答えは「ギリシャやイタリアに売ってしまうんです」という唖然とするものだった。

11ヵ月の超長期熟成肉

肉牛の大産地である中部一帯で、シャロレー牛は育てられている。いくつかの農園を見て回ったのだが、放牧面積が広いことが日本の畜産農家との大きな違いだ。途中、大きな講堂のような建物に入ると、驚いたことにシャロレー牛が所狭しと繋がれている。実はこれ、品評会で、よいシャロレー牛を選ぶコンテストが行われていたのだ。

「日本から来てくれたのか、とても嬉しい！」と主催者が歓迎してくれ、その模様を見ていると、審査員がみなシャロレー牛のお尻をプニッとつねる。こうして肉質をはかるらしい。どの国でも、自国の好みに合わせた選び方があるんだなぁと感じ入ってしまった。

「じゃあ、うちのとっておきの設備を見せよう」とエルベが案内してくれたのは、ドライエイジングをするための熟成庫。これがビックリするほどのレベルの高さだったのだ。

ドライエイジングは、主に牛肉を真空パックなどせずに冷蔵熟成（エイジング）させる方式で、いまや日本中を席巻しているのはご存じの通り。実はフランスでもドライエイジングがなされている。それも、ピュイグルニエ社は研究機関とタイアップして、独自の実験を繰り返し、最適なエイジング技術を確立しているというのだ。

熟成庫に入って、その規模に僕は驚いた。すでに700本ものロース肉が吊り下がっており、そのほとんどがもう売約済みという。ニューヨークや日本で僕が見てきたドライエイジング熟成庫に勝るとも劣らない技術ではないか！

夜、その熟成庫から出してきた、熟成期間の違う肉を食べ比べる。21日、28日、35日、42日。そして規格外もはなはだしい11ヵ月熟成のもの。個人的には、万人受けするのは42日のものだと思ったのだが、11ヵ月の超長期熟成肉は、圧巻の一言だ。そんなに長期に乾燥させているのに、内部にはシットリ水分が満ちている。驚くほどに軟らかく、塩気のない生ハムのような、芳醇な香りがするのだ。いや、参りました。

日本は食の豊かな国、と多くの日本国民が思っているだろう。しかし実際には、世界の国それぞれに独自の食文化があり、日本とは全く違う価値観を持っている場合もある。ぜひ皆さんもシャロレー牛を食べて、それを体感していただきたいと思う。必ずや、「肉の経験値」が上がるはずだ（嬉しいことに、オージービーフの項で登場したトップ・トレーディング社が、ピュイグルニエ社のシャロレー牛を輸入している。ドライエイジドビーフも手に入る）。

第６章　ほんとうに美味しい牛肉を食べるために

ここまで長いこと、僕の牛をめぐる旅にお付き合いいいただいた。最後に、日本の牛肉がもっと美味しく、そしてもっと楽しくなるために「こうなることが必要だ」と僕が考えていることを書いておきたい。それらが実現するためには、生産者や流通・販売業者のみならず、政策決定をする機関や団体、そして消費者までもが少しずつ意識や仕組みを変えていかなければならないだろう。それらは、とうてい実現しえないことかもしれない。

けれども、じつを言うと僕が2007年に牛と関わるようになってから、「世の中がこんなふうになればいいのに」と思い、自分のブログや料理雑誌での連載記事に繰り返し書いてきたことのいくつかは、実現している。

たとえば短角牛と関わった僕は「赤身肉の地位がもっと向上し、多くの料理人が使うようになる」と唱え続けてきた。黒毛和牛の生産や流通に関わる人たちからはかなり白い目で見られたが、実際に赤身肉ブームは来た！　こんにち「赤身肉」は間違いなくポジティブに受け止められている。また、ドライエイジングが日本でも確立し、ドライエイジドビーフが好まれる時代が来るとも繰り返し書いてきた。これも2010年辺りから大ブレイクし、「熟成肉」ブームは続いている（誤解のないように書いておくが、これらのブームを僕が仕掛けた、僕のおかげでブームになったなどと言うつもりは全くありません）。

ここから、まだ実現していない5つの事柄について、順を追って解説していこう。

1　様々な牛の肉を楽しもう

日本の牛肉は選択肢が少ない！

日本では、明治時代になってようやく牛肉を食べる文化が花開いたこともあって、牛肉の楽しみ方は欧米のそれよりも限定的である気がする。実際に、日本では「もっといろんな牛肉を食べたい」と思っても、買えないことが多いのだから。

本書で何度も書いてきたとおり、日本の牛肉の世界は黒毛和牛を頂点とし、中間層にはホルスタインやF1といった乳用種、その下に位置する低価格ラインとしてオージービーフやUSビーフというラインナップが基本となっている。だから、牛肉業界はそれらの話しかしないのが普通で、「それ以外の選択肢」にはあまり見向きもしない。

以前、牛肉業界の流通・販売関係者が集まるセミナーで講演を頼まれた際、「皆さんは肉牛品種を何種類食べたことがありますか？」と尋ねてみた。驚いたことに、多くの人が4～5種程度しか食べたことがないという。つまり、黒毛和種、ホルスタイン、F1に加えてオージーやUSのアンガス種、それ以外の何かという程度だったのだ。

皆、黒毛和種についてはとことん勉強をしているのだろう。それ以外の肉牛品種がビジネスの俎上に載ってくることは極めてまれなので、食べようとも思わないのだろうか。流通や販売をする人たちがそういう状況だから、この国のスーパーなどには、あまり目新しい牛肉商品が並ばないのである。

「月に20頭しか出荷されない希少な黒毛和牛」のような触れ込みで希少さをアピールしたブランド和牛をよく見かけるが、一つの生産主体が月に20頭も出していれば希少でもなんでもない。そんなことを言うならば、すでに200頭弱しか日本にいない無角和種のほうが断然希少だし、月間の出荷総頭数が全国で50頭しか出てこない土佐あかうしのほうが手に入りにくい。ただ、そうした「本当に希少な牛」は地元の精肉店やレストランなどの販路がすでに決まっていて、スーパーの店頭などでは手に入らないのが普通だ。

マイナーな品種でもファンがつく

そう書くと、「マイナーな牛肉は美味しくないから一般に流通していないのではないか？」と思う人もいるかもしれない。もちろんそうではない、と確信する。

僕の会社では「赤肉サミット」というイベントを、2010年から2015年まで計5回開催してきた。シェフが読む料理雑誌の最高峰である『専門料理』と組み、第3回までは全国に影響力を持つような高いレベルのシェフを招待した。そして、短角牛や土佐あかうし、くまもとあか牛などを集めて食べ比べする。それも、短角牛なら岩手県内の三大産地と北海道のものを並べて食べ比べする。産地で餌の中身が違うため、味わいが変わるからだ。そうして、一回につき7～12種もの赤身牛肉の食べ比べをしてきた。

素晴らしいシェフたちに食べてもらうのだから、食べ比べ用の肉を調理するシェフも吟味する。フレンチの名店「ランベリー」の岸本直人シェフ、熟成肉の焼き手として名を馳せる「カルネヤサノマンズ」の高山いさ己シェフ、当時「銀座レカン」総料理長だった高良康之シェフ。また、それぞれの肉の特長を活かした創作料理を、これまた有名な料理人に作っていただいた。日本料理を日々革新していく「龍吟」の山本征治さん、京都「瓢亭」の髙橋義弘さん。こんな人たちが料理した赤身牛肉を食べ比べできるのだ。

10種近くの火入れした牛肉を食べ比べる。産地には前年からお願いして、牛の性別や月齢、屠畜日などはなるべく揃えるようにした。個体差以外の条件でぶれることを可能な限り排除したのだ。メスとオスを食べ比べても味が違うに決まっているのだから。

そんな厳密な食べ比べだから、テイスティング用の記入シートを配り、参加者には味わいや香り、食感などについて数値評価をしてもらう。異例かもしれないが、そのシートはすべて回収し、レポートにまとめて参加者にお返しした。こんな食べ比べは、出席した誰もが「やったことがない」と驚き、自分なりの「好み」を発見して帰って行った。

興味深かったのは、料理人が10人いれば10人の解釈や好みがあるということだ。テイスティングシートの集計をすると、人気ランキングのようなものはできるものの、意外にもそれぞれの品種にファンがつく。この肉はちょっと欠点が多いな、と思うものにも、その欠点ゆえに「好きだ」と言ってくれる料理人が必ずいるのである。第4回、5回は一般の料理関係者、流通関係者も参加可能にしたが、同じような傾向があった。

つまり、マイナーな肉牛品種でも、それを好ましいと思うお客を見つけられるはず、と思えるのだ。マイナー品種を育てていたり、また流通させようかどうか迷っている人は、ぜひ勇気を持ってその道を進んでいただきたい。

大事なのは受け手側だ。業態によって、売れるものと売れないものがある。店員がお客につきっきりで説明することができないスーパー店頭では、マイナー牛肉を売ることはさすがに難しいだろう。逆に、説明販売が可能な業態であれば、積極的に本当に希少な牛肉の販売に取り組んでほしいと願う。それこそが、他の店との差別化になるのだから。

そして、もっと大事なのは消費者だ。ぜひお願いしたいのだが、いつも牛肉を買う店頭で「これは見たことがないぞ!?」という牛肉商品を見かけたら、ぜひ買い求め、食べてみてほしい。大切なのは、食べた感想を売場に伝えることだ。「先日買ったあの牛肉、美味しかったよ。また仕入れてね」「あれは味も香りもうすくて美味しくなかったなぁ」というあなたの感想こそが、売場を変えるのだ。

2　国産飼料で育つ牛の肉を応援しよう

海外のバイヤーは餌を見ている

第2章で、牛の味わいが決まる方程式の中でも、餌はとても重要なファクターであると書いた。サシの入り方や繊維の太さは品種や血統で決まる部分が大きいが、風味に関しては餌によって決まる部分が多いというのは、高いレベルの流通業者や生産者からよく聞く話だ。ところが、この大事な大事な餌に関して、日本は自国でまかなうことができず、海外からの輸入に依存している。

平成28年度（概算）の畜産全体の飼料自給率は27％、つまり73％は海外産である。これを草中心の粗飼料と穀物中心の濃厚飼料に分けてみると、粗飼料は意外に国産度が高く、79％となる一方、濃厚飼料は国産がたったの14％に留まる。粗飼料の国産度が高いからいいじゃないかと思われるかもしれないが、残念ながらそれは違う。カロリーで考えると圧倒的に濃厚飼料のほうが必要で、和牛などの肉専用種を肥育するための飼料の割合は、粗飼料12％対濃厚飼料88％。要するに、輸入穀物が日本の牛の肉の味を決める最大の要因になってしまっているのだ。

カロリーベースで見ると国産飼料率の低さは際立っている。「それがどうした、美味しいならそれでいいじゃないか！」という人もいるだろう。でも、そう考えない人たちもいる。香港やシンガポールといったアジア圏への日本食材の輸出が注目されている中、和牛や豚の肉を輸出するチャレンジをしている人からよく聞くのが、向こうのバイヤーさんは餌を気にしているという話だ。

たとえば、岩手県で高品質なブランド豚である「プラチナポーク白金豚（はっきんとん）」を生産する高源精麦（たかげんせいばく）に伺った時のこと。高橋誠社長が悔しそうに教えてくれたことがある。

「日本の豚品種はほとんどが海外種で、日本固有の豚は九州・沖縄にわずかに残る島豚と呼ばれる系統しかありません。しかも餌に関しても輸入穀物ベースだということで、香港などのバイヤーからは『うちで扱う意味がない』と言われてしまうんです」

これではいけないと感じた高橋さんは、国産子実コーンの生産に取り組み始めている。和牛が世界各国で認知されればされるほど「なーんだ、和牛といっても、餌はアメリカ産じゃないか」と言われてしまいかねない。その恐れがあると僕は本気で思っている。

99・9％国産飼料で育てる北十勝ファームの短角牛

日本では、餌用の穀物をつくることは可能だけれども、それを採算ベースに乗せることは難しい。圧倒的に輸入するほうが安くつくからだ。けれども最近、世界の穀物飼料の価格が高止まりしていることから、国内で生産できる餌を模索する動きが加速している。そのひとつが**子実コーン**と呼ばれる、餌用トウモロコシの実を穫る農業だ。

日本でも飼料用のデントコーン（スイートコーンのような甘いものではなく、デンプン質が強いトウモロコシ）を栽培してはいるが、その多くは穂が成熟したところで、茎や葉も含めて刈り取り、ロールに巻いて発酵させた「サイレージ（発酵飼料）」として利用される。こうする場合、茎や葉が入っていることもあって、穀物としての利用ではなく、粗飼料としての使い方（成分）になる。

それに対して、子実コーンの場合、穂を成熟・乾燥させて、その子実のみを穀物として利用する、言ってみればトウモロコシの本筋としての使い方となる。北海道では他の作物に使用される収穫機を転用できることから、実験生産が進められてきた。

じつはこの子実コーンの取り組みは、北海道だけではなく東北や関東、近畿でも行われている。僕も自分の短角牛に国産子実コーンを食べさせて育てたい！　と思い、これまでも試行錯誤してきたのだが、残念ながらうまくいっていない。なぜかというと、子実コーンが入手できたとしても、それを餌に加工することが難しいからだ。

子実コーン以外の飼料で国産度の高い肉牛を育てている生産者も、わずかだがいる。先に紹介したくまもとあか牛の井信行さんもその一人だが、ここで北海道にも目を転じてみよう。

今まで短角牛の話題を出す時は、本場である岩手県のことばかり書いてきた。しかし、寒冷地での生産に向いた短角は青森、秋田も含めた東北3県に加え、北海道や長野、岡山でも飼われている。放牧に強く、粗飼料で育つ性質のおかげだろう。岩手に次いで生産量が多いのは北海道である。北海道には短角牛の生産主体が6軒あるのだが（2017年現在）、そのほとんどが200頭以上の規模を誇る大きな生産主体ばかりなのだ。

2009年、とある通販会社から、「北海道の短角牛を扱いたいので記事を書いてほしい」と頼まれた。聞けば、北海道の牧場で、99・9％国産飼料で飼育しているという。99・9％!?　と驚き、二つ返事で取材に向かった。

とかち帯広空港から1時間半ほど車を走らせ、巨大なラワンブキや、水面が印象的なブルーに染まるオンネトー（湖）で知られる町・足寄にある北十勝ファームへ到着すると、農場主である上田金穂さんが出迎えてくれた。「上の田んぼに金のなる穂がある」ということかな……なんていい名前なんだろう！　でも大柄なご本人は、「お金にはあまり縁がありませんけど」とニコニコ笑っている。

「うちは放牧160頭、肥育200頭程度の規模です。肥育牛を国産飼料で育てるために、飼料用のデントコーンを、近隣の農家さん数軒に約30 haの畑でつくってもらっています」

30 haもの粗飼料畑を持っているというのは、一つの短角牛生産として国内最大規模かもしれない。しかし、北十勝ファームの短角牛の飼料はデントコーンだけではなかった。

「うちでは牛たちに、砂糖を製造するための作物であるビート（甜菜）のカスや、小麦のフスマ、大豆などを与えます。もちろんそれらは全部国産です。なんで『99・9％国産』と言っているかというと、牛の健康のためにほんの少しだけ与えるビタミン剤が、どうしても国外産になってしまうんです」

なるほど。100％でなくてもすごいことだ。というのは、彼の飼料設計ではほとんどが粗飼料でまかなわれているからだ。短角牛は粗飼料で大きくなる特質があるので、デントコーンサイレージで十分に肥ってくれるという。

「逆に、デントコーンで肥り過ぎちゃうから、ビートパルプなどを与えて〝薄めて〟いるんです」と上田さんは言う。やはり北海道の畜産は、他の都府県のそれとは違うのだ。

上田さんが育てた北十勝ファームの短角牛の肉質は、実にクリアで澄み切った味と香りだ。濃厚飼料中心で育てた黒毛和牛とは全く違う味わいである。ただ、ほぼ粗飼料で育てることもあってか、あまり熟成をかけない状態で焼くと、アッサリしてクセがなさすぎるので、物足りないと思う部分もあった。そこで、友人でもあり、ドライエイジングの高い技術を持つ千葉県のマルヨシ商事・平井良承専務に北十勝ファームを紹介し、短角牛のドライエイジングにチャレンジしてもらった。

数ヵ月後、「やまけんさん、この肉スゴいですよ！　食べてみてください」と送ってきてくれた60日熟成のドライエイジドビーフの素晴らしい味わいは忘れられない。焼く前から甘いナッツのような濃い香りが漂っており、焼いて食べるとその香りは増加し、どっしりとしたうま味は倍化している。アッサリしすぎて食べ応えがないという僕の感想は雲散霧消してしまった。熟成によって伸びるポテンシャルを秘めているのが、北十勝ファームの短角牛の特徴なのだと思う。

そして、その特徴を生み出しているのは、99・9％の国産飼料なのだと、僕は感じる。

3　食肉格付けだけで価格を決める時代を終わらせよう

まだまだ格付けが価格を決めている

第1章でとことん述べてきたが、日本の牛肉シーンが混乱期にある一因は、業界の唯一のモノサシが食肉格付規格であることだ。霜降り度合いと歩留まりを主要因として格付けが決まってしまい、それに準じて価格が決定されるという仕組みがある限り、生産者はサシを入れようとするし、増体系の血が濃い血統が重用されてしまう。それは必ずしも美味しさには直結していないのが大問題なのだ。

それなら、流通業者や精肉店が、格付けにかかわらず一定の価格で買い支えるようにすればいいじゃないか、という声もあるだろう。芝浦市場での枝肉のセリに毎朝参加している精肉卸の友人に、セリで肉牛の価格がどのようにつくのかを尋ねてみた。

「基本的には、値段は格付けとブランド力で決まります。市場内で高品質と認知されている生産者の出品牛で、しかもA5のような場合、〝台付け〟というのですが、セリ人がつける最初の価格が高くなります。一方、誰も知らないブランドや産地の肉牛が出てくると、実績がないので台付けが低い価格になる。傾向として、台付けの高低はその後の落札価格の高低に直結しています」

では、B2という低い格付けをされてしまったマイナー肉牛品種を出品するとして、それをある程度の価格で買い支えることは可能なのだろうか?

「可能です。生産者と買参人の間で価格が決まっている場合、セリの価格を意思表示する際にジャンプと言ってどんどん上げていきます。他の買参人が買わない価格になったとしても、あらかじめ決めておいた価格まで上げて落札することができるんです。たとえば特別な餌を使ってもらったから高く買う必要がある時に、そうしますね」

なるほど。つまり、生産者と卸などの買参人が信頼関係でつながっていれば、格付けにかかわらない取引ができるというわけだ。

「ただ……そんな関係を全国の肉牛肥育農家さん相手に構築できるわけではありません。9割以上がそうした『特別なつながり』のない枝肉の取引なんです。だから、結局は格付けがある程度価格を決めるというのは間違いがないですね」

残念ながら、生産者と買参人が特別な結びつきをして、格付けに依らない価格付けをするのは、可能ではあるが、それが主流にはなっていないのである。

でも、全国には同じような問題意識を持ち、新たな価値基準をつくるチャレンジをしている取り組みがある。そうした動きを紹介したい。

赤身肉品種の基準をつくる試み

「共励会」という言葉をご存じだろうか？　品評会やコンクールと考えればよいのだが、肉牛に関していえば、枝肉を見て肉質などを評価する会だ。

2011年11月、北海道は十勝の食肉センターで「短角和牛生産者による、短角のための評価基準を用いた共励会」が初めて開催されると聞き、僕も足を運んだ。赤身肉品種として人気のある短角牛だけれども、肉質の特徴として、赤身度が高すぎて肉の締まりが悪くなるため、格付け上は低い評価になることが多い。

けれども、短角牛の評価を黒毛に合わせる必要はない。短角牛としての善し悪しを決める評価基準をつくるべきなのだ。そう思いながら会場に入ると、北海道のあちこちから集まった6産地の関係者が、枝肉冷蔵庫で熱心に格付け責任者の講評を聴いている。

「短角ですから、この程度のサシで十分。それよりも筋間脂肪も少なく、短めの日数で仕上がったことを評価し……」

というように、短角牛らしさを全面的に評価してくれていた。

そしてビックリしたことに、最優秀賞に輝いたのは、僕の母牛もいる北十勝ファームの上田金穂さんが育てた去勢牛ではないか！　26ヵ月と、若干短めの月齢にもかかわらず、枝肉の総重量は526kgと大きい。黒毛和牛のようなコーン中心の濃厚飼料を与えているわけではなく、粗飼料を中心に給餌しているのに、肉にボリュームがあり、脂の嚙みも嫌気がなく、多くも少なくもない適度な霜降りであることが評価されたのだ。

実は、このイベントに先立ち、数ヵ月前から生産者たちが肉を持ち寄って「どのような肉をよしとするか」を議論したそうだ。帯広畜産大学の口田圭吾先生の力を借りて、肉の断面図の画像解析をしながら、「短角はこんな感じの肉をよしとしよう」という共通認識をつくった。それにもとづく共励会だったわけだ。

その後、毎年のようにこの共励会は実施されてきた。これで、短角の格付けが以前より良くなったというわけではない。ただ、今まで自分の感覚を信じて肥育をしてきた生産者たちが、ひとつの方向に向かって肉質をつくっていく「目揃え」ができたのだ。

そして２０１７年11月に開催された共励会では、なんと北海道だけではなく青森、秋田、岩手など、全国の主要産地が一堂に会することとなった（なんとここでも最優秀賞は北十勝ファームだった）。しかもこの会には、牛肉を商う卸のバイヤーも参加した。それによって、格付けだけではなく、短角らしさを見極める目を買う側に持ってもらえる。実際、これまで取引のなかったバイヤーが、産地と商談を始めるようになったそうだ。

こうした新しい取り組みが成果に結びつくといいな、と心から思う。それにしても北十勝ファームの上田さん、やっぱりあなたは〝短角名人〟だね！

4　経産牛の美味しさをもっと広めよう

19歳の味の濃さにビックリ

ここまで僕は、日本の牛肉流通の中で標準となっている、25〜30ヵ月齢ほどに育てたメスの牛とオスを去勢した牛の話をしてきた。第１章と第２章で、月齢が長くなればなるほど、味わいと香りは濃くなっていく傾向にあるということも書いた。

では、それ以上、とびきりの長さを生きる牛の味はどうなのか、気にならないだろうか？

肉牛の世界で50ヵ月齢以上を生きる牛と言えば、狭き門を通って選抜された種雄牛。そして、子牛を産んでくれるお母さん牛、つまり経産牛（お産を経験したメス牛）だ。

じつを言うと、経産牛はとても美味しい。

「経産牛のほうが旨いんです。味や香りが濃厚になる傾向があります」

という話が、あちらこちらで出てくる。短角牛の里である岩手県二戸市浄法寺でも「いちばん旨いのは、お産を2回くらいした短角牛だよ」と教えられた。

そんな折、島根県で有名な生産者と出会う機会があった。肉牛の世界には、市場での評価の高い牛を産する性能に優れた、選び抜かれた種雄牛がおり、繁殖農家はその精液を買い求めてメスに種をつけ、子牛を産ませる。だから、種牛というのはものすごい倍率を勝ち抜いて選抜されたスーパーオス牛なのである。島根にはその種雄牛を生産する有名な牧場がある。それがかつべ種畜牧場だ。

牧場を立ち上げた勝部明美さんは肉牛業界では知らぬ者はいない存在——いや、勝部さんを知らずとも、勝部さんが産み出した種牛が全国でがんばっている。そして、勝部さんの牧場でも、肉牛の肥育を行っている。当然ながら、子は2分の1の確率でオス・メスが生まれるので、必要のないメスは肥育して肉牛に出荷するのだ。

「ほら、この牛は父方が△△△で母方が×××だから、期待できるんだよ！」

などと、勝部さんの口から歴代チャンピオン牛を輩出した血統牛の名前がぽんぽんと出てくるのを聞いていると、頭がボーッとしてくるくらいだ。

で、その勝部さんが、ポツッと仰った。

「本当はね、経産牛が美味しいんだ。うちでは肉も自分たちで売っているから、こっちの美味しさをもっとみんなに知ってほしい」

それを聞いた僕は、「本当ですか？　じゃあ、ぜひその経産牛を食べたいです……」と言った。すると、お安いご用とばかり、数日後になんと19歳と17歳の黒毛和種の経産牛を送ってくれたのである。どちらも200ヵ月齢以上（！）だ。きっと「脂が黄色くて、肉は硬そうな感じ……」と思うことだろう。ところが肉を見ると、脂は通常の黒毛の肉のように白く、A3くらいのサシが入っている。肉の色については、未経産の牛よりもハッキリと濃い暗褐色だ。これは、人生ならぬ〝牛生〟の深みゆえだろう。

この肉を、料理人が集まるバーベキュー大会に持って行き、焼いてもらうことにした。肉焼き担当をしてくれたのは、奈良の東大寺の門前で「イ・ルンガ」というイタリアンを営む堀江純一郎シェフだ。へえ、そんな年寄りの肉には見えないけどなあ、とつぶやきながら、炭火をコントロールしつつ美味しそうに焼き上げてくれる。

その場にいた料理人たちが食べた反応は……!?

「んっ、味が濃い！　それとなんとも言えない香りが立ってくるよ」
「硬いかと思ってたけど、全然そんなことないじゃないか！」
誰もが驚きの表情をしたのだ。僕もビックリした。勝部さんの肥育技術が高いのだろうが、これと比べれば、未経産の28ヵ月齢の黒毛など味気ないと感じてしまうくらいだ。

4産くらいした黒毛和牛が美味しい

この本で僕は、あまり黒毛和牛を持ち上げてこなかった。日本で牛肉の本を開けば、黒毛和牛は奇跡の品種！　と持ち上げる内容ばかりなのだから、わざわざ僕が書かなくてもいいじゃないか、という想いがあるからだ。ただ、実際には僕も黒毛和牛は大好きである。もちろん、産地や生産者、餌や血統は、ある程度選びたいと思っている。中でも、僕が食べたいのは、何を隠そう黒毛和牛の経産牛である。いや、本当に黒毛の経産は美味しいのだ。かつべ種畜牧場の大ベテランお母さん牛もそうだったが、黒毛和牛の持つ濃厚な香りがもっと蓄積され、クドいはずの脂肪はどんどんアッサリしていくから、黒毛の美味しくない要因がめっきり減っていくのだ。

くまもとあか牛の生産者である那須眞理子さんと出会った「全国モーモー母ちゃんの集い」（第4章参照）で、もう一人、黒毛和牛の繁殖経営に取り組む川村千里さんと出会った。

かわむら牧場は、島根県大田市で、なんと放牧で黒毛和牛を育てている。しかも、子を数頭産んだ「お母さん牛」を再肥育し、美味しい肉にして自分で出荷しているのだ。

「やまけんさん、経産牛って食べたことありますか？　私は4産くらいした牛を美味しいと思います。個体にもよるけれど、未経産牛より味が乗って美味しいですよ」

ああっ、もちろん僕は経産牛が大好きですよ！　これは食べてみなければ、とかわむら牧場の経産牛のお肉を送っていただいた。

小豆色の濃い肉色に程よいサシが入った立派なステーキ肉を焼いて頬張ると、脂ではなくうま味のジュースがジュバッとしみ出てくる！　肉自体が持つ強いブドウのような香りがバッと立ち上り、思わず満面の笑みを漏らしてしまう！　本当に旨いなぁ、真の肉好きが食べたい肉はこれでしょう。

但馬牛の元祖「周助蔓（しゅうすけつる）」

ちまたでは、黒毛和牛のメスを30ヵ月以上長期肥育したものを「高級だ」といって珍重する。きちんと精肉店によって手当てされたなら、脂から甘い香りが立ちのぼる美味しい和牛肉となる。ただそうはいっても、僕は経産牛のほうが断然美味しいと思う。

その思いを強くする経験をしたことがある。それは、兵庫県の但馬地方の美方（みかた）郡でのこと。黒毛和牛のルーツといわれる地域で、昔の牛の話を取材したのだ。

牛肉に関係する人たちが、必ずと言っていいほど口にするのが、味の良い黒毛和牛といえば但馬牛に限る、ということだ。黒毛和牛は昭和30年代に成立した牛の品種だが、すでに海外から導入された牛の品種の血が混じったものが多かった。日本の牛は田畑を耕す役牛だったので体が小さく、一頭から取れる肉が少なかった。そのため、海外の肉専用種と交配して体を大きくしてきたのだ。しかし交配によるマイナス面も多く、「大きくはなったが味は落ちた」という関係者も多い。

一方、但馬の関係者は海外の血を混ぜることを拒否し、純粋に但馬牛だけの血統を残してきた。そのためか他の地域で見られる真っ黒な体毛に、大きな体軀の黒毛和牛とは少し違うのだ。少し褐色の混じった体毛に牛としては小柄な体軀。角の形状はいろいろあるが、だいたいにおいて「い」の字に近い優雅な形に仕立てる農家が多い。

兵庫県美方郡香美町、かつてここに但馬牛を一躍有名にした人がいた。江戸末期に生まれ、明治まで生きた前田周助さんは、周りに良い牛がいると聞くやいなや、その牛を買いに行ってしまう人だった。自分の眼で性質が確かだと見た牛を互いに交配させ、生まれた子牛は自分の親族に育てさせることで、常に自分の周りに置いていたそうだ。中でも優れた資質の牛がいると、その牛から生まれた子を近親交配させていく。近親交配というと驚くかもしれないが、これは野菜の種や他の家畜でも行われている、遺伝的特質を固定するための育種法。遠いイギリスでも同時期にベイクウェルという人がこの方法で牛の品種改良をしていたのだが、周助さんは誰に教わることもなく、自分でこの方法を編み出した。

だから周助さんの牛は大人気で、子牛をほしがる人がたくさんいたそうだ。

「いい牛がいるといくらでも金を出してしまう。身上を潰すところまでいって、親族中で大騒ぎになったこともあった。それでもいい牛を買うことをやめなかったんですよ」

ニコニコしながら仰るのは、この周助さんの子孫、八十一（やそいち）さんだ。この周助さんの育てた牛たちの血統は必ず良い牛を産む。その血統のことを、長く絡まり合う蔓（つる）にみたてて「蔓牛（つるうし）」と呼ぶようになった。その蔓牛の元祖と言えるのが「周助蔓」である。

「昔は玄関に入ってすぐ牛を飼う部屋がありました。牛が一番いい場所にいたんですよ」

その頃、牛をどうやって食べていたんですか？　と尋ねると、八十一さんはとんでもない、とかぶりを振りながら、驚くことを口にした。

「その頃は、牛は神様ですから、食べません」

えええっ、そうなのか！　但馬の人たちにとって、田畑を耕すための大事な牛は、食べる対象などではなかったのだ。もちろん、事故などで死んだ牛を肉にして食べることはあっただろうが、本来、牛とは食べ物ではなかったのだ。

もちろん、八十一さんの時代には、牛を肉にして食べるようになった。その話で気になる言葉があった。「但馬牛の肉をすき焼きにすると、数軒先まで届く、とても強い匂いが立ちこめるので、周りの家に知られぬように、別の小屋で煮炊きして食べた」というのだ。この辺りは農家の集落だから、一軒一軒がかなり離れている。それなのに「周りに知られぬように」というのは、どういうことだという疑問が残ったのだった。

但馬牛の経産牛の香りたるや！

前田八十一さんは残念ながら、1962（昭和37）年に牛を飼うことを止めたのだが、この地域にはまだ昔ながらの牛飼いをしている人たちがいる。朝倉稔さんご夫妻の牛舎を訪ね、但馬牛の話を伺うと、一言目に「今の牛にはね、香りがないんだよ」と喝破された。

「俺が15歳の頃にはこの地域でも牛を食べるようになってたね。その頃の牛には強い香りがあったんだよ。生草か乾草、ヌカとか漬物のヘタなども食べさせる。大麦を炊いて食わせるといい牛ができたんだよ」

ううむ、今は穀物をいろいろと混ぜた配合飼料を与えるのが普通で、そこまで手をかけている農家は少ないはずだ。その時、朝倉さんの牛舎に遊びに来ていた村尾和広さんの牛舎についていくと、お風呂のような大きなかまどがあって、そこでネットリとお粥状に大麦を煮込んだ餌を見せてくれた。「ほらね、乾いた餌を食わせてちゃ、いい牛はできないんだよ」という村尾さんも、肉牛の品評会でよく上位入賞する実力者であった。

前田さん、朝倉さん、そして村尾さんの3人が口を揃えるように言っていたのが「昔の但馬牛には、強い香りがあった」というものだ。その香りとはいったいどんなものなのだろうか。これを確かめるため、僕は地元の但馬牛の肉を買って帰った。

但馬地方は繁殖経営が中心で、但馬牛を肥育して肉牛にする肥育農家は数軒しかいなかった。そうした地元の肥育農家の出荷した牛を競り落として販売する精肉店があるのだ。そこで地元の生産者数軒の肉を買って食べてみた。結果は——さすが純粋な但馬牛、脂の融点はとても低く、ネットリとした味わいで美味しい黒毛の肉だ。ただ残念なことに、先の3人が口にしていた「強い香り」は感じられなかった。

ふうむと思いながら、旅程の最後に美方郡でも珍しい「放牧で但馬牛を育てる」ことにチャレンジしている田中一馬くんを訪ねた。彼は新規参入でこの地に入った若者で、放牧で育てた但馬牛の肉を自分で販売している。事前にそれを知った僕はぜひ、彼の育てた肉を食べてみたいと思ったのだ。

まだ若い田中夫妻は、せっかく来たのだからと、冷凍にしていた放牧牛の肉を解凍してくれていた。しかも林間に放牧し、笹などを中心に食べさせていた経産牛だという。彼は牛に敬意を表して「敬産牛」と呼ぶのだが、とても良い名だと思う。

ところが、「ああ、時間の読みを失敗しちゃった」と言いつつ用意してくれた肉を見ると、解凍が十分でなくシャリッとしている。サシはあまり入っておらず、赤身中心の黒毛和牛だ。しかも焼くのは、温度が低そうなホットプレートである。さらに牛の素性を聞くと、屠畜後1週間で冷凍保管してあった肉だという。それでは熟成が足りないのではないか。これは期待しないでおこう……心の奥でそう思ってしまったことを告白する。

だが、驚いたのはここからだ。ホットプレートでジクジク音を立てながら色が変わった肉を、塩を軽く振って口に運んで目を見開いてしまった。肉を嚙んだ瞬間にブワッと鼻に抜ける強く濃厚な香り。よく煮込まれたシチューのような、巨峰の皮の甘い香りのような、えも言われぬ香りなのだ。放牧のため脂は少ないが、それもスッと溶けてうま味を残して去っていく。文句なしに旨い！

ああ、これが前田八十一さんたちが言っていた「昔の牛には匂いがあった」ということなのか！　と僕は膝を打った。キーワードは経産牛だったのかもしれない。というのは、前田さんたちが仰った「昔の牛」とは、高価な商品として外へ販売する未経産の牛だったはずがない。何産もしてくれ、廃用となる敬産牛を惜しみながらいただいていたのではないか。繁殖用の牛だから、林間に生える青草や笹といった粗飼料を中心に食べていたはずだ。そのように、いわば薄い餌で長く飼った黒毛和牛の敬産牛の香りこそ、彼らが「数軒先でも食べているとわかった」ほどの香りだったのではないか。

僕にとっては、田中くんが放牧で育てた敬産牛こそが、本来的な美味しさを発揮した但馬牛の姿ではないかと思ったのだ。

5 ステーキ・焼き肉・すき焼き以外の牛肉料理を楽しもう

売りにくい不人気部位

日本の牛肉料理の文化は、まだまだ浅い。というと、牛肉料理の専門店関係者から怒られてしまうかもしれない。

だが、牛肉料理と言ったとき、何が頭に思い浮かぶだろうか？　ステーキ、焼き肉、すき焼き、しゃぶしゃぶ、ローストビーフといったところだろうか。牛丼も、日本を代表する牛肉料理かもしれない。カレーやうどんといった、一般的な料理に牛肉を使うことがあるかもしれない。では、それ以外には？　――ないだろうと思う。それが大きな問題だ。

なぜなら、牛肉の売れる部位が決まってしまうからだ。

第3章で、僕が自分の牛の肉を販売する時に困ったことを覚えているだろうか。それは、売りにくい不人気部位があるということだ。サーロインやリブロースなど、ステーキに向いたロース肉や、ランプやイチボといった、やはりステーキになるモモ肉はたちまち売れてしまう。一方で、一頭の牛の肉の3分の1を占めるバラ肉や、硬い首肉、モモの中では比較的硬い外モモのシキンボといった部位は、最後まで残ってしまうのだ。

通常、一頭の牛を販売する際、どの部位も同じ価格にはしない。サーロインは高く、内バラは安いなど、部位の人気度合いによって価格差をつけなければ、とてもではないが売りさばけないのだ。それでも、人気部位には注文が集中してしまう。

だから、卸や精肉店は工夫する。切り落とし肉の中に売りにくい部位を混ぜる。レトルトカレーを商品化して、硬い部位は冷凍して溜めておき、一定量になったらレトルト製造工場につくってもらう。冷凍してイベントで販売する際の串焼きに使う、などなど。

ただ、一定以上の需要がないとそうしたことは難しい。僕の知るある和牛産地では、ロースやモモの人気部位は売り切れるものの、不人気部位が余ってしまい、販売業者の冷凍倉庫がパンク寸前になっていたことがある。

一頭分の肉を売り切る技

焼き肉店などで「産地から牛を一頭買いしています」という触れ込みを見ることがあ

る。本当なら、すごいことだと感心してしまう。一頭から450kg程度の正肉がとれたとして、その中にはどうしても焼き肉に向かない部位もあるのだ。そういう部位は、スープや煮込み、挽き肉にしてハンバーグなどに使用し、利益にしていかなければならない。だが口で言うのは簡単だが、実際にはとても難しい。多くの店がそれで悩んでいる。

土佐あかうしや、選び抜いた黒毛和牛を店内で含気熟成し、素晴らしいドライエイジドビーフを提供する「又三郎」は本書で何度か紹介した。オーナーの荒井世津子さんは、自分の好みの牛が34ヵ月齢以上のメスで、BMSは8～10程度のきつすぎないサシ、枝肉で400kg程度の小型の黒毛和牛だとわかっている。そのため、仕入れ先の卸に条件に合った牛が出てくる場合は競り落としてくれるように頼んでいる。ただし、そこまでイレギュラーな指定をするわけだから、ロース以外はいらないよと言うわけにはいかない。だから、荒井さんは責任を持って一頭まるごと買うのだ。ロースやバラは焼き肉商材にし、赤みの強いウデやモモは含気熟成にかける。それ以外の部位はフレンチ出身のシェフが煮込みやコンビーフにハンバーグ、ミートパイといった料理に仕立て、売り切るのだ。

又三郎のように、一頭分の肉のすべてを売り切る技と人気を持つ店舗がたくさんあればいいのだが、実際にはごくごく少数派である。僕もよく産地の商談会をコーディネートするので、飲食店に一頭買いを提案するのだが、受け入れられる店は少ない。20席程度の小さなレストランでは、一頭分はおろか、半頭分でも売り切れないという。10店舗程度の人気店を傘下に持ち、さまざまな部位の料理を提案することができる店でなんとかやれる、という感じだろうか。それでも相当な苦労をするから、基本的にはやりたがらない。

こうして、産地や、産地に近い側にいる卸にとっては、一頭すべてをどう売りさばくかが大問題だ。しかも、マイナーな品種を飼い続けている産地の場合、売り切りのハードルは通常よりも高くなる。こんな状況が続くと、希少な牛が消えてしまいかねない。

いろんな部位にチャレンジしよう

こうした状況を変えていくには、肉を購入する販売店・飲食店と、そこから肉を買ったり食べたりする消費者とが、意識と買い方、食べ方を変えていくしかない。

参考にしたいのが、第5章で紹介したフランスの肉使いだ。フランス中西部やパリのスーパーマーケット、デパートの精肉売場にいくと、カットされたロースやモモだけではなく、様々な部位が並ぶ。それだけではなく、シャルキュトリと呼ばれる加工肉、ハムやベーコンにさまざまな腸詰め類、パテ、テリーヌといったものが並ぶ。不人気部位が上手に使われており、顔の肉や耳に豚足といった部位までがゼリー寄せになって、美味しそうにプレゼンテーションされているのだ。

だからといって日本でシャルキュトリ文化を広めましょう、というつもりはない（じつはここ数年でシャルキュトリを日本に広める協会が発足したりして、実にホットだ。もちろんそうした動きは応援したい）。そうではなくて、日本人が好む形での、不人気部位の活用をもっと料理人や精肉店には提案してほしいと思うのだ。

希望はある。たとえば一昔前までは、モツつまり内臓肉は、一部の人たちが好むものだった。それが今では、若い女性も喜んでモツ鍋をつつくし、コの字形カウンターでホルモン焼きを楽しんでいるではないか。魅力的な提供方法さえ見いだせば、「トモズネって最高！」「通はブリスケを食べなきゃね！」などという価値観が広まるかもしれない。

そして消費者の皆さんには、聞き慣れない部位を飲食店や精肉店で見かけたら、怖がらずにぜひ手を伸ばし、食べてほしいと思う。お店もきっと、「売れるかな」とチャレンジをしているのだ。大丈夫、美味しい牛肉は、どの部位だって美味しいものだ。

ご馳走肉であるヒレ、サーロイン、リブロース、ランプにイチボといった部位を見たら、その背後には200kgくらいの別部位があると想像していただけると嬉しい。全部が売り切れれば、生産者も明日に向けて元気に牛を育てる力が湧いてくるはずだ。

巻末付録 美味しい牛肉を食べられる販売店・飲食店リスト

販売店

● 短角牛

山長（やまちょう）ミート
岩手県二戸市石切所字荒瀬55-11　☎ 0195-23-6727

地元・岩手県二戸市の短角牛を専門に扱う。公式Webの商品ページでは「売り切れ」と表示されていることが多いので、別途連絡をして注文するのがよい。

● 土佐あかうし

三谷（みたに）ミート
高知県香美市土佐山田町栄町11-3　☎ 0120-302-298

高知県内の精肉店でも土佐あかうしが貴重となりつつあるなか、セリでかならず良いあかうしの枝肉を確保し、一般向けにも販売してくれる有力店。

● 黒毛和牛・経産牛・くまもとあか牛・ブラウンスイスなど

肉 サカエヤ
滋賀県草津市追分南5-11-13　☎ 077-563-7829
http://www.omigyu.co.jp/

全国で特徴ある肥育をしている農家の肉牛を買い求め、熟成庫でその肉が最大限の美味しさになるよう「手当て」を施している。ドライエイジングの技術も高く、これだけのバラエティに富む肉が一軒で買い求められるのは珍しい。また併設レストラン「セジール」では全ての肉を焼いて食べることができる。

● 黒毛和牛

銀座 吉澤
東京都中央区銀座3-9-19　☎ 03-3542-2983

東京・芝浦の枝肉市場で有数の高級和牛を競り落とす吉澤畜産の直営店。店舗奥にある水冷式冷蔵庫で「枯らし熟成」した黒毛和牛肉を一般にも販売してくれる。A5の黒毛を美味しく食べる方法をつきつめているので、一度は食べてみてほしい。

● 黒毛和牛（但馬牛）の放牧敬産牛

田中畜産
http://tanatiku.com/

黒毛和牛の元祖の地である兵庫県但馬地方で、純血の但馬牛を放牧で育て、生産者の田中一馬くん自ら肉をさばいて販売する田中畜産。年間に数頭しか出ないため、常に肉があるわけではないので注意。田中畜産ブログをチェックしておくのがベター。

● 黒毛和牛の放牧経産牛

かわむら牧場
http://www.shimane-chikushin.jp/fureai/farm244.html

放牧で黒毛和牛の母子を育て、子牛を出荷している川村千里さんの牧場。お産を終えた経産牛を肥育し肉にし、農家自身が販売している。最近は月に一頭程度しか出ず、予約販売のお客さんで売れてしまうため、入手困難。長く待ってもよいのでどうしても買いたいという方は、島根県畜産振興協会のWebにある連絡先にファックスしてほしい。

● 黒毛和牛・経産牛

かつべ種畜牧場
http://katsube-bokujo.com/

優良な種雄牛を輩出するかつべ牧場。出荷された牛の取扱店がWebに掲載されているので、気になる方は食べにいってほしい。ただし通常は未経産牛や去勢牛が主なので、本文で紹介したような経産牛を食べたい場合は、取扱店に問い合わせをしてみること。個人販売の窓口はない（一頭買いしか対応していない）ので悪しからず。

● オージービーフ・グラス（パスチャー）フェッドビーフ・シャロレー牛

ダイニングプラス（Dining Plus）
http://www.dining-plus.com/

パスチャーフェッドのオージービーフやピュイグルニエ社のシャロレー牛の輸入を手がけるトップ・トレーディング社（☎大阪：06-6567-6722、東京：03-5821-1180）の商品を販売するオンラインショップ。ビーフ関連商品は入荷状況によって掲載のない場合もある。そのときは問い合わせをしてほしい。

飲食店

短角亭
岩手県二戸市石切所字荷渡56-2　☎ 0195-23-0829

短角牛専門の山長ミートが経営する焼き肉店で、当然ながら短角牛を堪能できる。岩手県内でも短角牛を扱う店はそれほどないが、ここでは貴重な短角のレバーやギアラなどのモツも食べることができる（入荷状況により食べられないこともあります）。

ヌッフ・デュ・パプ（Neuf du Pape）
岩手県盛岡市大通2-4-22 サンライズタウン4階　☎ 019-651-5050

岩手県盛岡市の繁華街のビルのワンフロアを借り切った広々とした空間。岩手県の食材をふんだんにもりこんだ料理とワインが美味しい店。短角牛は県内各産地のものを熟成して焼いてくれる。盛岡泊で呑むならここがお薦めだ。

ヴァッカロッサ（VACCA ROSSA）
東京都港区赤坂6-4-11 ドミエメロード１階　☎ 03-6435-5670

サシの入りすぎていない土佐あかうしの分厚い骨付き肉を薪火で炙り、イタリアのビステッカに焼き上げてくれる名店。渡邊雅之シェフは土佐あかうしと出会ってこの店を出すことを決意した。イタリア風のステーキを心ゆくまで味わいたい。

ヴァベーネ（Va bene）
東京都武蔵野市吉祥寺南町1-17-9　☎ 0422-26-7235

北十勝ファームの短角牛や阿蘇のくまもとあか牛、サカエヤの熟成肉といったバリエーション豊かな肉を楽しめるカジュアルイタリアン。伊藤泰シェフの肉焼きの腕は確かだ。じつはたまに筆者所有の牛の肉を食べられることもある。

シュングルマン（SHUNGOURMAND）
東京都中央区新川2-3-7 浪商ビル1階　☎ 03-6222-8464　※要予約

帝国ホテルなどで研鑽を積んだ小池俊一郎シェフによる肉焼きの技が冴える人気店。北十勝ファームの短角牛をドライエイジングした素晴らしいステーキを味わうことができる。

熟成肉と本格炭火焼肉 又三郎
大阪府大阪市住吉区長居2-13-13 長居パークホテル1階
☎ 06-6693-8534

土佐あかうしと、店主の荒井世津子さんが吟味した黒毛和牛にドライエイジングを施し、炭火で見事に焼き上げる大阪の名店。土佐あかうしのドライエイジングは今のところ、ここでしか食べられない絶品だ。

焼肉料理屋 南山
京都府京都市左京区下鴨北野々神町31 北山通ノートルダム小前
☎ 075-722-4131

岩手県産の短角牛や丹後で生産される短角×黒毛の京たんくろ和牛、国産度の高い餌を与えた近江牛など、通常の焼き肉店には並ばない赤身牛肉を食べられる貴重なお店。入荷状況によってラインナップが変わるので、店の人に何が食べられるか聞いてみよう。

ス・ルラクセ (Se Relaxer)
高知県高知市帯屋町2-1-34 Keiビル3階　☎ 088-854-8480

高知の人気店で、イタリアンがベースの山本巧シェフが土佐あかうしをさまざまな料理で食べさせてくれる。高知市内でも土佐あかうしを常備している店は多くないので、高知へ行く際は足を運んでほしい。

ホールスクエア (WHOLE SQUARE)
熊本県熊本市中央区上通町9-13 トーカンマンション1階
☎ 096-353-3441

こだわり食材が並ぶ店内にスクエアズテーブル（SQUARE's TABLE）というレストランスペースがあり、くまもとあか牛の経産牛をドライエイジングし、ステーキで食べさせてくれる。熟成技術も見事で、これぞあか牛のステーキという味わいを楽しめる。

酒飲めフレンチ bisとろタカギ
福岡県福岡市中央区赤坂1-3-6 コオリナヴィラ赤坂201号室
☎ 092-732-3570

フレンチの有名店で修業した高木利枝シェフが、牧草肥育のオージービーフを120日も自家熟成し、ステーキに焼き上げてくれる。おそらくいままで食べたことがないようなオージービーフを堪能できるだろう。

おわりに

限られた紙幅ではあるが、僕と牛との出会いと、日本の牛の肉が抱えている矛盾や問題、そして日本各地や世界の牛の肉をめぐる状況について書いてきた。きれいにパックされた牛肉製品の背後には、生前の牛の姿や生産者、流通業者の営みがある。そして、牛の肉は美味しさだけではなく、様々に入り組んだ利害によって価値が決まっている現状がある。お読みいただいて、牛肉を見る目が変わったなら、筆者としてこれほど嬉しいことはない。

本書は、日本を代表するはずの黒毛和牛以外の牛をフィーチャーした珍しい本となっている。黒毛和牛やA5の肉についてあまり肯定的に書いていないことを不審に思ったり、怒りを覚えたりする関係者もいるだろう。ただ、その何倍もの怒りや悲しみ、悔しさを、短角牛やあかうしなどの生産者が味わってきていることを、僕は識っている。

だいいち、現状では黒毛和牛は圧倒的多数の存在だし、A5を礼賛する本やテレビ番組はいくらでもあるのだ。本書はそんな流れの中に小さな石を投じるくらいの、一つの意見だとして受け取っていただけるとありがたい。

実際には、僕は黒毛和牛肉を美味しくいただいている。仕事柄、A5を食べる機会も一般の人よりは多いだろう。けれども、牛肉の世界はもっと広く深いことも識ってしまった。世界にはもっと多様な牛の品種が存在しているし、「え、こんな餌を食べさせてるの？」と驚くような飼い方をする生産者がいる。僕など、牛肉の広い世界のほんの玄関口くらいしか食べていない門前の小僧なのだ。読者の皆さんもぜひ、もっと牛の肉を広く、深く味わう旅に出てほしい。

本書を書くにあたり、ここに書き切れないほど多くの方々のお世話になった。なかでも、僕が短角牛を持つことがなければ、いまの僕の活動はなかったと言ってよい。その意味で、岩手県二戸市の大清水牧野に関わる皆さんには、心から感謝している。また本文に掲載されている方はもとより、お名前を載せられなかった数多くの協力者に御礼を述べたい。ありがとうございました。

大型動物である牛の肉はほんもののご馳走だ。そして黒毛和牛、あかうし、短角牛、世界の様々な牛たちには皆それぞれの美味しさがある。多様な美味しさが、共存できるように、牛肉文化がもっと自由になることを心から祈る。

山本謙治

２０１７年11月

N.D.C. 648.25　222p　18cm
ISBN978-4-06-288456-3

講談社現代新書　2456

炎の牛肉教室！

二〇一七年一二月二〇日第一刷発行

著者　山本謙治　© Kenji Yamamoto 2017

発行者　鈴木　哲

発行所　株式会社講談社
東京都文京区音羽二丁目一二―二一　郵便番号一一二―八〇〇一

電話　〇三―五三九五―三五二一　編集（現代新書）
〇三―五三九五―四四一五　販売
〇三―五三九五―三六一五　業務

装幀者　中島英樹

印刷所　凸版印刷株式会社

製本所　株式会社国宝社

定価はカバーに表示してあります　Printed in Japan

「講談社現代新書」の刊行にあたって

教養は万人が身をもって養い創造すべきものであって、一部の専門家の占有物として、ただ一方的に人々の手もとに配布され伝達されうるものではありません。

しかし、不幸にしてわが国の現状では、教養の重要な養いとなるべき書物は、ほとんど講壇からの天下りや単なる解説に終始し、知識技術を真剣に希求する青少年・学生・一般民衆の根本的な疑問や興味は、けっして十分に答えられ、解きほぐされ、手引きされることがありません。万人の内奥から発した真正の教養への芽ばえが、こうして放置され、むなしく滅びさる運命にゆだねられているのです。

このことは、中・高校だけで教育をおわる人々の成長をはばんでいるだけでなく、大学に進んだり、インテリと目されたりする人々の精神力の健康さえもむしばみ、わが国の文化の実質をまことに脆弱なものにしています。単なる博識以上の根強い思索力・判断力、および確かな技術にささえられた教養を必要とする日本の将来にとって、これは真剣に憂慮されなければならない事態であるといわなければなりません。

わたしたちの「講談社現代新書」は、この事態の克服を意図して計画されたものです。これによってわたしたちは、講壇からの天下りでもなく、単なる解説書でもない、もっぱら万人の魂に生ずる初発的かつ根本的な問題をとらえ、掘り起こし、手引きし、しかも最新の知識への展望を万人に確立させる書物を、新しく世の中に送り出したいと念願しています。

わたしたちは、創業以来民衆を対象とする啓蒙の仕事に専心してきた講談社にとって、これこそもっともふさわしい課題であり、伝統ある出版社としての義務でもあると考えているのです。

一九六四年四月　野間省一